华能核电安全生产绩效模型及释义

张　涛　　主编

中国原子能出版社

图书在版编目（CIP）数据

华能核电安全生产绩效模型及释义/张涛主编. ——北京：中国原子能出版社，2023. 11

ISBN 978-7-5221-3141-2

Ⅰ. ①华…　Ⅱ. ①张…　Ⅲ. ①核电工业—工业企业—安全生产—中国　Ⅳ. ①F426. 23

中国国家版本馆 CIP 数据核字（2023）第 221988 号

华能核电安全生产绩效模型及释义

出版发行：中国原子能出版社（北京市海淀区阜成路 43 号　100048）

责任编辑：胡晓彤

封面设计：侯怡璇

责任印制：赵　明

印　　刷：北京九州迅驰传媒文化有限公司

开　　本：787 mm×1092 mm　1/16

印　　张：9. 375

字　　数：130

版　　次：2023 年 11 月第 1 版　2023 年第 1 次印刷

书　　号：ISBN 978-7-5221-3141-2　　**定　价**：98. 00 元

网　　址：http：//www. aep. com. cn　　E-mail：atomep123@126. com

发行电话：010-88828678

编委会

主　编	张　涛				
副主编	胡守印	张冀兰	常重喜	张兴田	
编　著	杨加东	刘　华	曹雷涛	刘晓红	徐广学
	高　俊	蒋　勇	王苗苗	王庆武	杨强强
	张晓斌	柯海鹏	杨　鹏	赵燕子	吴　肖
	陈叶俊	张　涛	刘　洋	代杨聪	于　洋
	向海滨				

前言

华能核电以理性、协调、并进的核安全观为指引，坚定道路自信、理论自信、制度自信、文化自信，秉承领跑中国电力、争创世界一流的战略愿景，在吸取国内外核电行业生产管理成果、充分借鉴华能火电管理先进理念的基础上，提出了以系统化方法促进核电生产管理体系现代化的举措，开发出华能核电安全生产绩效模型（HNPM: Huaneng Nuclear Safety Production Performance Model）。

华能核电安全生产绩效模型融入了国家法律法规、华能集团战略愿景、发展战略、发展目标、核安全保障体系等核心要素，结合华能核电产业发展“113”总体目标，对华能核电安全生产业务流程进行了高度浓缩与总结，提出了以工作组织过程带动优化核电机组安全可靠运行的核电安全生产管理核心，在确保核电生产活动的安全、质量和环保的前提下，实现核电生产运营卓越绩效。

华能核电安全生产绩效模型将业务主要划分为三大部分，即核心生产业务、经营管理业务和支持服务业务。经营管理业务流程和支持服务业务流程将围绕核心生产业务流程进行设计和展开，为核心生产业务流程提供服务和保障。核心生产业务流程主要包括工作管理、运行管理、设备管理、配置管理、安全质量与防护、调试管理，经营管理业务流程主要包括党建监督、风险内控、人力资源管理、综合管理及财务管理，支持服务主要包括技术支持、经验反馈与人因、核燃料管理、培训与资格管理、采购仓储管理、信息文档、职业健康、应急管理及环境保护。

华能核电安全生产绩效模型融入安全、环保、质量、成本等要素，以核电厂设备管理、配置管理和安全质量与防护为基础，以工作管理为中心，以调试管理和运行管理为重点，通过分级管理、分类管控和根本原因分析有效减少机组瞬态、紧急抢修和重复维修，不断提高机组的运行可靠性，确保核电厂生产管理活动从流程体系上体现出本质安全的管理目标。通过流程与流程之间、业务领域之间的紧密衔接和配合，不断优化完善管理体系，无限逼近并最终实现生产管理最优化，助力各核电机组 WANO 综合指数取得满分，达到 WANO 排名世界第一，最终实现卓越绩效。

华能核电安全生产绩效模型以系统化方法为指导，以流程驱动业务管理的系统工程思维进行体系化设计，对华能核电安全生产业务流程进行了顶层设计，给出领域之间、流程之间的关联关系，可以作为核电厂生产管理体系建设和生产业务信息化建设的顶层输入，不断推动核电厂生产管理标准化、集约化和精益化提升，最终助力集团实现“领跑中国电力、争创世界一流”的战略愿景。

华能核电安全生产绩效模型秉持开放性思维和可持续拓展化、定制化的设计理念，可满足不同堆型的生产管理需求，该模型建设满足国际标准架构框架 TOGAF 方法论，能够根据不同的企业文化和管理战略进行框架调整和改进。

由于是首次编制，难免会有不足，欢迎各核电运营组织一起完善模型的建设和开发。

编者

2023 年 6 月于华能核能技术研究院

目　录

第一章　绪论

第二章　华能核电安全生产绩效模型

第三章　流程与子流程描述

第四章 关键流程绩效指标

第一章　绪论

1.1　中国核电概述

1.1.1 中国核电发展

截至 2022 年 12 月，中国在建核电机组 24 台，总装机容量 2 681 万 kW，在建核电机组规模和总装机容量继续保持全球第一；商运核电机组 53 台，总装机容量为 5 563 万 kW，仅次于美国、法国，位列全球第三，核电总装机容量占全国电力装机总量的 2.2%。

在核电厂的生产运营方面，2022 年，核电发电量为 4 177.8 亿 kW·h，同比增加 2.5%。同时，与 2021 年相比，2022 年我国核电厂的发电量、上网电量均有所增长。与燃煤发电相比，核电发电相当于减少燃烧标准煤 11 812.5 万 t，减少排放二氧化碳 30 948.7 万 t、二氧化硫 100.4 万 t、氮氧化物 87.4 万 t。十年来，我国核电发电量持续增长，为保障电力供应安全和推动降碳减排作出了重要贡献。

2022 年，中国有 37 台机组在世界核电运营者协会的综合指数达到满分，占世界满分机组的 50%。这个指数反映了核电机组在发电能力、生产效率及安全性能等方面的综合水平，中国核电机组的安全运行业绩持续保持国际先进水平。

2022 年，我国核电市场化交易电量 1 689.2 亿 kW·h，约占上网电量的 43.1%。全年核电设备利用小时数为 7 547.7 h，同比下降了 3.1%；机组平均能力因子为 91.7%，同比下降了 0.7%；2022 年 1—12 月，我国运行核电厂严格控制机组的运行风险未发生国际核事件分级（INES）1 级及以上的运行事件。我国运行核电厂放射性流出物的排放量均低于国家核安全局批准限值，各运行核电基地外围监督性监测自动站测出的环境空气吸收剂量率在当地本底辐射水平正常范围内，未监测到因核电机组运行引起的异常。

根据世界核电运营者协会（WANO）发布的 2022 年业绩指标数据统计，我国核电厂满足 WANO 综合指数计算条件的 51 台机组中，有 37 台机组 WANO 综合指数达到满分 100，占世界满分机组（74 台）的 50%。我国核电机组的 WANO 综合指数满分比例和 WANO 综合指数平均值均高于美国、俄罗斯、法国、韩国等主要核电国家，同时优于全球机组的平均水平。

2022 年，我国核能综合利用稳步推进，核能供暖总面积达到 559 万平米。山东海阳核电厂实现海阳主城区核能供暖“全覆盖”，并圆满完成首个供暖季供暖任务；辽宁红沿河核能供暖示范项目、浙江海盐核能工业供热示范项目正式建成投用。此外江苏田湾核电蒸汽供能项目正式开工建设，这是我国继核能供暖后，在核能综合利用领域开展的又一积极探索。

为更好地适应我国“理性、协调、并进”的核安全观，中国核电企业有必要研究提出更适合中国核电发展的核电安全生产绩效模型。

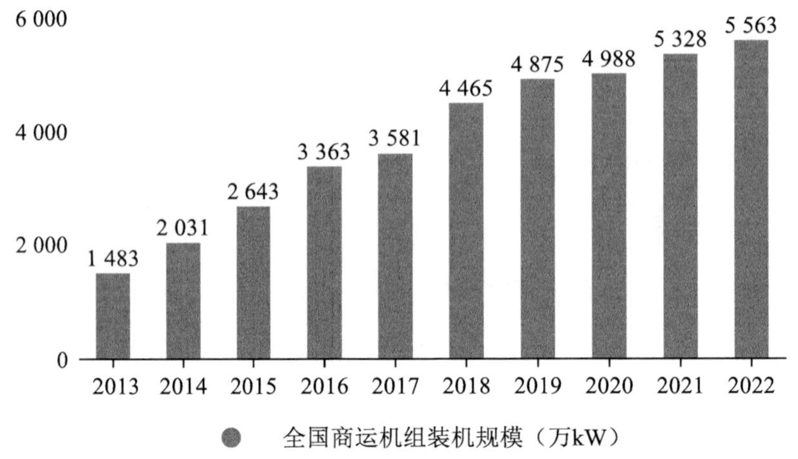

图 1-3　2013 至 2022 年全国商运机组装机规模

1.1.2　华能核电介绍

华能 2004 年进入核电领域，核电公司 2005 年注册成立，石岛湾高温气冷堆核电站示范工程 2006 年被列入十六个国家科技重大专项之一，2012 年底开工建设。

经过多年发展，华能集团作为国内具备控股建设大型商用压水堆资质的核电运营商、作为第四代核电技术特征高温气冷堆核电工程的践行者与技术推广者，紧紧围绕“建设实力雄厚、管理一流、服务国家、走向世界，具有国际竞争力的大型企业集团”的战略目标，坚持“安全至上、质量为本”的根本方针，形成“113”发展布局，即一个经营发展平台—华能核电开发有限公司；一个技术支撑平台—华能核能技术研究院（华能高温堆技术研究中心）；三大核电基地—山东石岛湾、海南昌江、福建霞浦。

目前，华能集团尚没有投入商业运行的核电机组，实现首次并网的高温气冷堆核电站示范工程的 1 台核电机组，装机容量 21. 1 万 kW。在建核电机组 2 台，为昌江核电厂 3、4 号机组，总装机容量 240 万 kW。

华能山东石岛湾核电有限公司（以下简称“石岛湾公司”）成立于 2007 年 1 月，位于山东省荣成市，负责我国具有自主知识产权高温气冷堆核电站示范工程的建设与运营管理。2021 年 12 月，高温气冷堆示范工程 1 号反应堆首次并网成功，发出华能“第一度核电”，为中国领跑全球四代核电，胜利实现“3060”目标。石岛湾厂址同时规划建设 4 台百万千瓦级“华龙一号”压水堆核电机组，2023 年 7 月 31 日，经国务院常务会议审议，华能山东石岛湾核电厂扩建一期工程项目 1、2 号机组获得国家核准，计划 2023 年正式开工建设。

华能海南昌江核电有限公司（以下简称“昌江公司”）成立于2019年6月，位于海南省昌江县，正在建设的两台“华龙一号”压水堆核电机组，是海南省最大的电力工程投资项目，单台机组名义电功率约为120万kW，总投资预计超400亿元，已于2020年9月核准，并在去年“十四五”开局之年实现两台机组“双开工”。目前，工程建设正按计划推进，预计2026年投产发电。

华能霞浦核电有限公司（以下简称“霞浦公司”）成立于2015年7月，项目厂址位于福建省宁德市霞浦县。规划建设1台60万kW高温气冷堆核电机组和4台百万千瓦级“华龙一号”压水堆核电机组，项目总投资预计1 000亿元，厂址已列入国家核电中长期发展规划，并进入核电“十四五”开工备选项目。2022年1月，“华龙一号”压水堆“路条”正式获批，进入实质性开发阶段，计划于2028年至2031年全部5台核电机组陆续建成投产。

华能核电产业发展战略规划的总体思想是坚持先进压水堆和高温气冷堆并进发展，坚持打造一流的核电人才队伍，注重核电发展质量和效益，注重技术支持能力建设，加快推动核电项目规模化开发建设运营，加快推动核电产业良性循环发展。

1.2　核电绩效模型概述

1.2.1 核电绩效模型介绍

为改进核电运行绩效，改善对标的有效性，美国核能研究所（NEI）、电力公司成本管理组织（EUCG）和核动力运行研究院（INPO）在总结大量核电企业实际运行经验的基础上，合作开发了可用于不同核电企业间对标和管理的核电绩效模型（SNPM）（见图1-1），SNPM第一次发布于1998年。

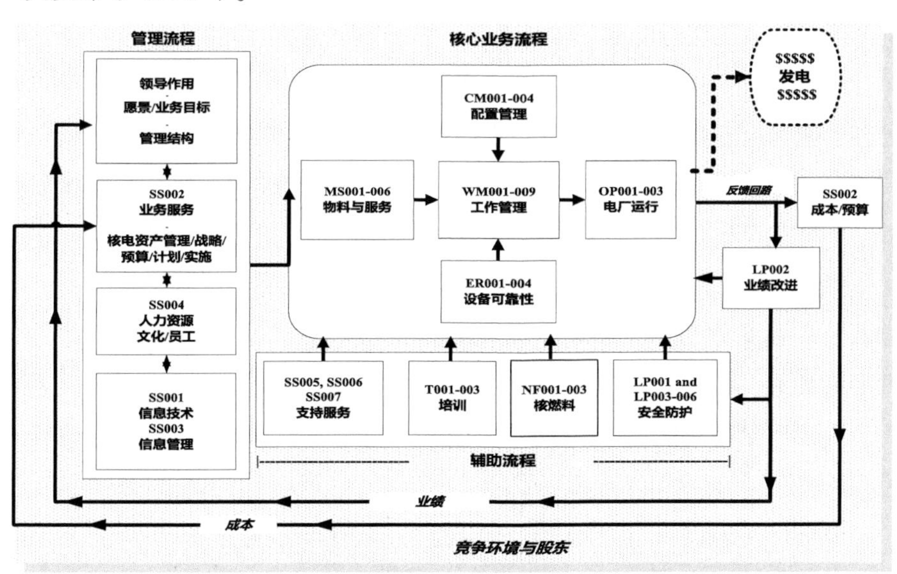

图1-1　标准核电业绩模型（SNPM）-业务关系图

核电绩效模型（SNPM）为核电企业提供了有效的运营管理工具，提供了对核电企业进行标准评估的流程管理、基于活动的成本分析、绩效评估三个方面的模型方法，并为三个方面提供了评价的手段和指标。这个模型由不同的核电专家小组负责进行流程的持续改进和数据积累，通过大量的历史数据，提供了标杆核电企业的运营模型及数据。因此，可以说SNPM是一套具有指导意义的标准的核电企业运行管理模型。

核电绩效模型（SNPM）将核电的标准流程自顶层向下分为四层：流程层（Process）、子流程层（Sub-process）、活动层（Activity）、任务层（Task）。其标准模型中共含有9个高级流程和45个子流程。

（1）基于活动的成本分析（ABC）

现代管理学将ABC成本法定义为“基于活动的成本管理”。ABC成本法是根据事物的经济、技术等方面的主要特征，运用数理统计方法，进行统计、排列和分析，抓住主要矛盾，分清重点与一般，从而有区别地采取管理方式的一种定量管理方法。SNPM模型将ABC方法与核电标准流程进行了有机的结合，以便细化核电企业的成本管理。ABC是一种把成本分配到相关活动中的会计方法，区别于用直接成本和间接成本来计算产品或者服务成本的传统会计方法。ABC使资源和管理成本能够更精确地分配到产品和服务中去，以便更清晰地分析出企业在生产经营活动中的各项工作的成本。

SNPM推行的ABC已被广泛应用到美国的核电领域。通过此方法，核电企业可计算出各流程的成本，根据核电管理者的不同管理要求可以得到顶层流程、子流程、活动、任务的分项成本，并将这些成本与最佳实践的核电企业进行对标，以便找出问题，降低企业的总体运营成本。

（2）SNPM在美国杜克能源公司的应用

美国杜克能源公司（Duke Power）位于美国北卡莱罗纳州夏洛特市，是美国最大的能源企业之一通过合理利用SNPM，2002年负荷容量因子达到了创纪录的95.21%。

从1994年开始，杜克能源公司基ABC方法在其所有的核电厂进行流程改造，此举有以下几个原因：精算其产品、服务的成本；提高战略决策能力；为后续过程改进挖掘出重点并提供方向；提高活动的可见性以确定活动附加价值。

杜克能源公司在其旗下3个核电厂采用自下而上的方式全面推行SNPM的ABC法则，通过内部的横向比较，找到其主要的可管理的活动，同时将这些活动与其主要参与者关联起来，让主要参与者起到监管和控制作用。这些年，在基于这种活动的管理方式下，杜克能源公司取得了很大的成功，达到了以下效果：利用工作活动打通了各个部门的业务，实现了完整统一的成本分析和监控；实现了用于结算和预算审核与制定的可量化的线；实现了由一个审议小组来进行工作活动预算同行审议的流程，这个小组一般为4～5人，由活动设计者和经理构成；实现了与ABC结构相结合的长线计划流程，并且此流程是最高级别的；在整个公司简化了每月的差异和每季度项目报告；在公司内部以一致的方式讨论部门之间以及所有支持领域的成本；将工作活动目标与电站目标衔接起来；明确了所有权。

（3）SNPM 在我国的应用

中国核能电力股份有限公司（以下简称中国核电）2010 年引进 N1-EAM 生产管理信息系统，该软件是基于“标准核电绩效模型”（SNPM）设计开发的核电生产业务系统，其中包含了北美大部分核电厂的先进流程管理理念。中国核电通过 N1-EAM 系统的消化、吸收和推广实现了多台核电机组的生产管理标准化，并形成了可对标国际、国内领先、精益化管理的核电厂生产管理体系。

中国广核集团有限公司（以下简称中广核）2007 年启动 ERP 建设，目标是建设我国首个以 ERP 系统为支撑贯穿核电工程设计、建设和生产运营管理的核电一体化信息系统（简称 ERP 项目）。该项目建设将进一步提升中广核集团的综合管理水平，巩固和增强中广核集团在核电工程建设和生产运营管理等方面的核心能力，实现核电工程建设和运营管理的标准化和高效化，对于进一步提升我国核电自主化管理水平有重要意义（见图 1-2）。

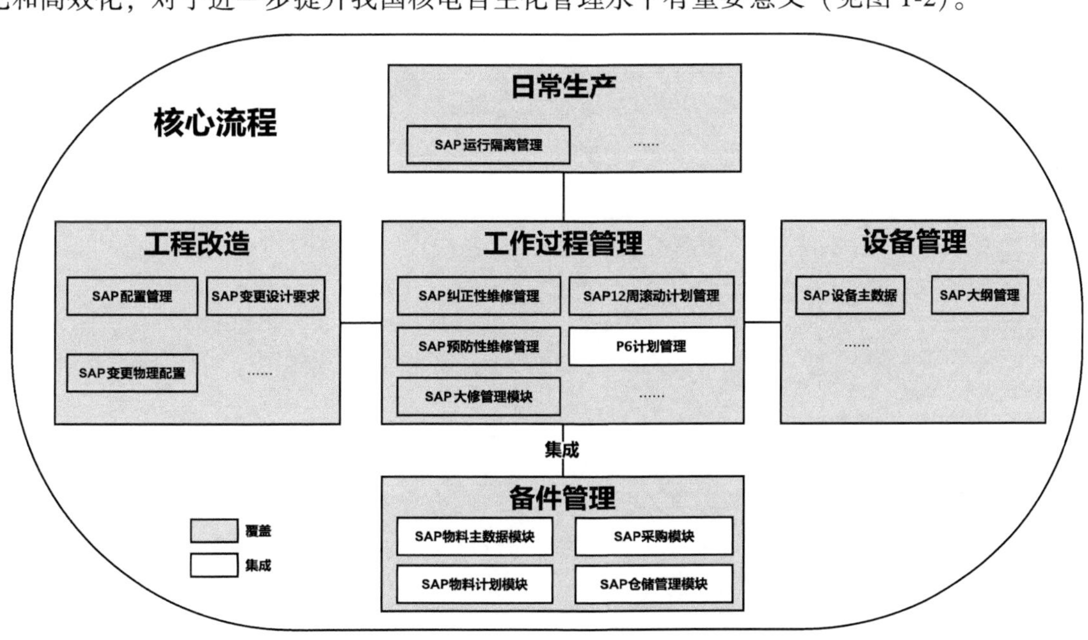

图 1-2　中广核标准绩效模型在生产系统中的应用

1. 2. 2 华能核电安全生产绩效模型

为满足华能核电产业规模化发展需要，指导核电厂开展管理体系建设、绩效提升及对标工作，在吸取国内外核电行业生产管理成果、充分借鉴华能火电管理先进理念的基础上，提出了以系统化方法促进核电生产管理体系现代化的举措，开发出华能核电安全生产绩效模型。

华能核电安全生产绩效模型融入了国家法律法规、华能集团战略愿景、发展战略、发展目标、核安全保障体系等核心要素，结合华能核电产业发展“113”总体目标，对华能核电安全生产业务流程进行了高度浓缩与总结，提出了以工作组织过程带动优化核电机组安全可靠运行的核电安全生产管理核心，在确保核电生产活动的安全、质量和环保的前提下，实现核电生产运营卓越绩效。

华能核电安全生产绩效模型将业务主要划分为三大部分，即核心生产业务、经营管理业务和支持服务业务。经营管理流程和支持服务流程将围绕核心生产业务流程进行设计和展开，为核心生产流程提供服务和保障。核心流程主要包括工作管理、运行管理、设备管理、配置管理、安全质量与防护、调试管理，经营管理主要包括党建监督、风险内控、人力资源管理、综合管理及财务管理，支持服务主要包括技术支持、经反与人因、燃料管理、培训与资格、采购仓储、信息文档、职业健康及环境保护。

华能核电安全生产绩效模型融入安全、环保、进度、成本等要素，以核电厂设备管理、配置管理和安全质量与防护为基础，以工作管理为中心，以调试管理和运行管理为重点，通过分级管理、分类管控和根本原因分析有效减少机组瞬态、紧急抢修和重复维修，不断提高机组和设备可靠性，确保核电厂生产管理活动从流程体系上体现出本质安全的管理目标。通过流程与流程之间、领域与领域之间的紧密衔接和配合，不断优化完善管理体系，无限逼近并最终实现生产管理最优化，助力各核电机组 WANO 综合指数取得满分，达到 WANO 排名世界第一，最终实现卓越绩效。

第二章　华能核电安全生产绩效模型

2.1　核电安全生产绩效模型概述

为了推进核电生产管理标准化建设，便于各公司或电厂之间进行业绩对比，需要有一个共同的基准。华能核电安全生产绩效模型提供了一套完整的流程管理工具，是核电企业安全生产的标准化运作模板，使用该模型的电厂，生产管理流程将具有较强的相似性，可通过关键参数对比不同电厂之间的业绩，有效控制生产业务流程和业务绩效指标是该模型成功运用的关键，可在安全、质量、环保和成本之间取得最佳实践，如图 2-1 所示。

图 2-1　安全、质量、环保和成本关系图

华能核电安全生产绩效模型包含 7 个领域、41 个流程，190 个子流程组成。每个流程是一个核心生产流程或者是一个支持服务流程，并且能进一步被分割成子流程。该模型展示了某个电厂与安全生产相联系的所有流程工作，每个流程包括流程描述和流程绩效指标等要素。

华能核电安全生产绩效模型整体上可以分为五个部分，依次是愿景、经营管理、核心生产业务、支持服务和输出的绩效。在模型应用后，可以根据输出的绩效情况，不断进行管理优化和绩效提升，从而最终达到一流绩效，实现企业愿景。

经营管理是该模型的前端输入，具体包含的要素有党建引领，集团发展战略、发展目标，科研创新，财务审计及人力资源等。党建引领助推业务发展，通过党建工作的有效开展，可统一思想、凝聚力量、激发员工工作热情，增强员工的责任感和使命感，有效保障业务流程的高效运转。发展战略是一定时期内对企业发展方向、发展速度与质量、发展点及发展能力的重大选择、规划及策略，推动和促进企业尽快实现发展目标，集团的发展战略和发展目标为华能核电产业发展指明了发展方向，华能核电制定中长期“113”总体规划，明确了核电产业的发展目标，这将影响生产业务流程的具体范围和步骤，正确的发展战略和发展目标将是核电厂建设和安全稳定运行的助推剂。创新是引领发展的第一动力，通过新技术或新设备的应用，提前识别风险、控制风险，将有效保障核安全、人员安全和设备安全，核电厂应充分重视科技创新成果在核电厂生产业务流程管控中的应用。财务和人力资源是开展现场生产业务工作的保障，为生产业务流程的运作招募人才，培育人才，并留住人才。经营管理的流程和子流程不在该模型中进行介绍。

工作管理、运行管理、设备管理、安全质量和防护、配置管理和调试管理 6 个领域，是华能核电安全生产绩效模型的核心，每个领域内部包含若干流程，领域与领域之间、流程和流程之间存在相互关联关系。以工作管理为例，模型清晰地展示了与其存在接口的领域包括设备管理、配置管理、运行管理、调试管理、安全质量和防护、支持服务等，这些领域为工作管理领域中流程正常运转提供设备、变更、技术文件、安全、质量等数据和服务，并通过流程参与、业务审查或独立监督的方式保障工作管理过程的安全、质量和环保等要素可控。在工作管理领域内部，模型展示了流程或子流程之间的关系，从填写工作申请开始，到工作准备、计划排程、隔离管理、工作执行至完工报告，核电厂生产计划应在整个工作组织过程中起到总协调作用，不断的带动优化完善工作组织过程。

除上述 6 个领域外，模型还包含支持服务领域，由支持流程组成，主要包括技术支持、经验反馈和人因、燃料管理、培训与资格、采购仓储、信息文档、职业健康和环境包保护。支持服务流程将围绕核心流程进行设计，为核心流程提供服务。

华能核电安全生产绩效模型（见图 2-2）的整体输出结果是“卓越绩效”，通过管理优化和绩效提升，不断迭代和改进管理能力和绩效水平，最终实现机组运营水平达到世界先进水平，以推动落实集团发展战略、集团发展目标。

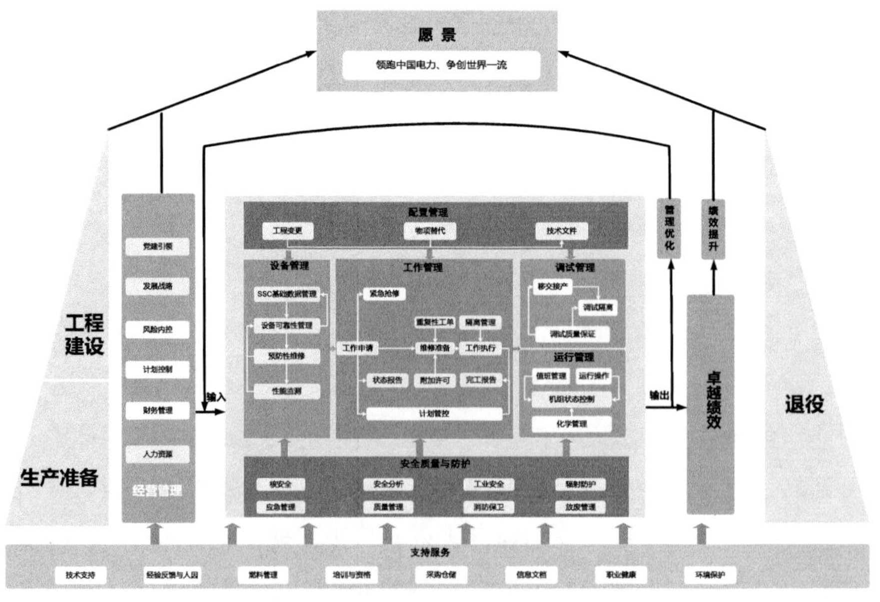

图 2-2　华能核电安全生产绩效模型（HNPM）

2.2　业务领域及流程

在标准流程模型中，业务在纵向上共分为三个层级：领域、流程和子流程，涵盖了核电生产管理业务。领域中包含若干流程，流程可进一步拆分为子流程，每个流程有清晰地流程说明，不仅可以用于电厂之间的对标管理，也可以作为功能需求蓝图，对电厂信息化建设进行业务输入。流程描述在不同的细节层次上体现了华能核电业务实践创新理念。

2.2.1 总体业务成果

华能核电安全生产绩效模型最终效果是输出卓越绩效，即安全、环保、可靠及稳定的产生效益，实现华能核电“113”总体目标，助力各核电机组 WANO 综合指数取得满分，达到 WANO 排名世界第一，最终实现战略愿景。

2.2.2 业务领域

业务领域包括调试管理、运行管理、工作管理、设备管理、配置管理、安全质量与防护以及支持服务。业务领域范围相当于所有相关流程和子流程范围的总和。

2.2.3 流程

流程是为了完成某个目标而进行的一系列串行或并行活动或任务的集合，是业务领域中某项工作的完整描述，领域中流程之间是相对独立但又紧密衔接的。以工作管理领域为例，其中包含工作申请、工作准备、安全许可、生产计划、隔离管理、工作执行及完工报告 7 个流程，每个流程能完成该领域的某一部分工作，流程与流程之间又存在串行或并行的业务关系。

2.2.4 子流程

子流程是指在单个流程下的一个子集，具有一项独立的流程描述。一个流程可以包含多个子流程，每个子流程专注于流程的某一个或某几个环节。

第三章　流程与子流程描述

3.1 运行管理

运行管理实现了电厂为了保证生产安全运行进行的运行值班管理、运行操作管理、机组状态控制、运行辅助管理以及化学管理等业务的全过程管理。运行工作奉行“安全第一、保守决策”的原则，运行部门发挥在生产运行过程中的主导作用，执行运行活动时必须采取质疑的工作态度、谨慎而严格的工作作风和纵深防御的工作策略，高标准地运行核电厂，确保系统、设备的运行可靠性。

本业务领域包含 6 个流程、18 个子流程（见表 3-1）。

表 3-1　核电运行管理领域流程和子流程关系表

领域	流程	流程编号	子流程	子流程编号
运行管理 OP	运行组织管理	OP-OM	生产运行调度管理	OP-OM-01
			生产早会	OP-OM-02
	运行值班管理	OP-EF	日志管理	OP-EF-01
			运行巡检	OP-EF-02
			运行值班管理	OP-EF-03
			运行限值管理	OP-EF-04
	运行操作管理	OP-OC	运行操作管理	OP-OC-01
			稀有操作管理	OP-OC-02
	机组状态控制	OP-SC	反应性管理	OP-SC-01
			运行瞬态响应	OP-SC-02
			行政隔离与运行隔离管理	OP-SC-03
			临时用水、电、气（汽）管理	OP-SC-04
	运行辅助管理	OP-MS	生产运行管理	OP-MS-01
			运行白板管理	OP-MS-02
			运行辅助信息管理	OP-MS-03
			生产钥匙管理	OP-MS-04
	化学管理	OP-CY	化学控制管理	OP-CY-01
			化学异常管理	OP-CY-02

3.1.1 OP-OM：运行组织管理

运行组织管理主要包括生产运行调度管理和生产早会管理。通过生产运行调度体系和生产早会制度，把运行工作按照规定的调度流程、生产早会流程组织起来，确保运行人员能够依据技术规格书和已批准的程序运行核电厂。

（1）OP-OM-01 生产运行调度管理

生产运行调度管理是指核电厂生产调度系统的管理，一般由总经理、运行分管领导、运行部主任、值长、操纵员、现操六级组成，多机组基地调度可以由总经理委托运行分管领导负责，组成五级调度体系；下一级必须服从上一级的调度指挥，对于上一级调度指挥发生错误或不清楚时下一级必须及时反馈、提醒。对于由电网调度管辖的系统设备，值长必须接受电网的调度。主控室属于电厂生产运行调度指挥中心，当班值长有权行使生产调度指挥权，任何可能影响机组运行的系统设备状态改变都必须及时通知主控操纵员，涉及核安全和机组可用率的活动必须得到值长的批准。

（2）OP-OM-02 生产早会

生产早会是电厂安排、布置当天的工作，识别和提示工作风险，协调各生产部门接口关系，确保全天生产工作正常进行的重要信息沟通形式。生产早会的主要内容应包括核安全事项、辐射防护及工业安全、其他重要风险和事项、上次会议以来重要事项回顾、经验反馈、重大缺陷、报警信息、新缺陷等。所有生产相关电厂部门均应参与生产早会，参与人员的资质必须能保证其履行相应职责。

3.1.2 OP-EF 运行值班管理

运行值班管理主要内容包括运行值班要求、交接班管理、运行巡检管理、运行监督、报警响应、运行日志、信息交流等。通过对运行值班管理内容进行流程化梳理，主要得到日志管理、运行巡检、运行值班、运行限制 4 个子流程，实现运行值班管理的内容和要求流程化管控。

（1）OP-EF-01 日志管理

运行日志是各个岗位正确进行交接班的基础，对发生的事情特别是系统和设备的异常有完整、清晰的描述，充分保持事件的可追溯性，对于不同岗位的运行日志有以下侧重：

1）主控室操纵员值班日志是最重要的运行日志，直接体现机组运行活动的历史，记录内容应包含当班期间的各项运行活动和机组变化信息。

2）日志记录必须在内容与时间上与事实相符，记录应及时、准确、完整、清晰。

3）运行日志应用简明易懂的描述性语言进行记录，运行日志的记录应方便信息检索和查找。

4）对 SPV 设备可运行性的任何威胁，应在值班日志中记录并作好交接。各岗位应将

SPV 设备问题记录在值班日志中，并作为交接班的重要内容与接班人员进行沟通。运行或设计裕度降低（如设备振动值接近报警值或跳闸值）的情况也要在日志中明确记录并在交接班时充分沟通。

当设备出现缺陷而退出运行或备用时，当班值应判断其冗余设备是否成为临时 SPV 设备，并在操纵员和值长记录中记录和交接。

（2）OP-EF-02 运行巡检

运行巡检工作主要目的是加强对运行部门管辖范围内的构筑物、系统、设备状态的日常监督，及时发现隐患、异常和缺陷并处理，确保电厂安全、经济、稳定运行。运行人员根据相关程序对所辖的构筑物、系统、设备进行巡回检查、参数记录，包括按照规定的频度、线路进行的定期巡检和为加强设备监控所实施的临时巡检。运行巡检工作的要求主要包含以下四个方面：

1）巡检线路的制定和修订，巡检线路应包括巡检项目的频度、时间和路线。

2）巡检人员的资格授权，以及各类巡检人员的基本巡检项目、巡检要求和注意事项。

3）巡检结果的处理，包括正常巡检结果的审核与批准，以及异常巡检结果的处置。

4）当机组由日常运行模式切换至大修模式时，运行部门应按照要求将巡检转入相应大修路线开展运行巡检。

（3）OP-EF-03 运行值班

核电厂运行值班工作，主要是确保机组的状态能够得到有效控制，规范运行人员当班期间的信息交流、报警响应和信息记录等方面的行为，保障机组的安全稳定运行。运行值班管理的主要原则和要求如下：

a. 运行值班人员应展现高度职业化的核安全文化理念，在进行任何工作时都应当秉持安全运行、保守决策原则，严格遵守技术规格书的要求。

b. 运行值班总体要求主要包括：

监视和控制电厂的运行状态，确保其符合电厂技术规格书和运行规程，严格限制可能违反技术规格书和运行规程的工况；

运行值所有人员应充分发挥团队合作精神，在履行自身职责的基础上，支持团队其他成员的工作；

运行值班人员应践行保守决策的运行理念，竖立核安全目标优先于发电目标，当遇到未知或与预期不符的情况时，运行人员有权降功率或停堆；

运行管理者应合理安排运行值倒班方式，合理控制运行人员工作时间、相同授权人员的定期轮管，以增强运行值班人员的工作能力；

应尽量减少对运行值班人员的干扰，以利于运行人员对电厂工况的变化做出快速而准确的响应；

对影响电厂的工作，在工作开始之前应得到运行人员的许可，运行人员对此类工作要积极介入，防止其对电厂正常运行产生冲击；

操纵员在主控室值班时，注意力应保持高度集中，严格遵守电厂关于防人因失误工具使用、报警响应等管理要求，对趋势图或偏离预期的趋势保持警惕；

运行倒班人员不能连续超过两个班，任何人在 48 小时内总共当班时间不得超过 24 小时，各现场运行岗位值班人员，除非得到上级生产调度人的批准，不得离开值班岗位。

c. 最小运行值，是满足最少运行岗位人数要求的运行值，这个人数是维持和保障电站在正常运行及事故状态下的安全控制所必需的。

d. 运行值班管理还应当包括运行监视、报警响应、值班日志、信息交流、定期切换、运行人员离岗后返岗、运行值消防干预等方面的要求。

（4）OP-EF-04 运行限制管理

运行限制管理主要是明确在核电机组从首次装料开始所有正常运行活动（不适用于事故工况）中的运行技术规格书应用要求，以及在偏离运行技术规格书时应采取的必要措施，以便更好满足核安全政策要求。运行限制管理工作的要求主要包含以下两个方面：

a. 运行技术规格书的遵守

遵守运行技术规格书，是维持和保证电厂正常运行期间核安全的最低要求，任何偏离必须迅速得到纠正；

在运行技术规格书中提及的 SSCs（构筑物、系统和设备）上开展任何活动时，必须遵守运行技术规格书的要求；

核安全监督部门必须对在设备上开展的活动进行独立监督。对运行技术规格书相关的问题要进行分析和评价，并提出纠正行动建议。对核安全带来严重潜在影响的问题，要求立即或限期纠正；

事故规程覆盖的异常或事故工况下的限值要求优先于运行技术规格书的限值要求，但是对于事故中未涉及的设备和参数，运行技术规格书依然适用；

在运行技术规格书中提及的 SSCs（构筑物、系统和设备）上开展任何活动时，必须遵守运行技术规格书的要求；

核安全监督部门必须对在设备上开展的活动进行独立监督。对运行技术规格书相关的问题要进行分析和评价，并提出纠正行动建议。对核安全带来严重潜在影响的问题，要求立即或限期纠正；

事故规程覆盖的异常或事故工况下的限值要求优先于运行技术规格书的限值要求，但是对于事故中未涉及的设备和参数，运行技术规格书依然适用；

若对运行技术规格书的执行不能达成一致意见时，运行部门值长和核安全部门值班核安全监督工程师可以启动决策流程；

对执行运行技术规格书要求的停堆事件，或违反电厂运行技术规格书的事件，都属于核电厂运行执照事件，必须按照运行事件报告流程进行上报。

b. 核安全相关的 SSCs 不可用的判断、分类和处理原则及要求如下：

核安全相关 SSCs 发生性能下降、故障或运行在“未经分析的运行状态”下时，应立即进行可用性判断，在发现设备性能下降或者故障 24 小时内完成可用性判定，若超过 24 小时无法确认时则认为设备不可用；

核安全相关 SSCs 不可用分类包括；随机事件、计划事件和其他事件，其中在核安全相关 SSCs 上随机、偶然地发生的异常事件称为随机事件，预防性维修和定期试验导致核安全相关 SSCs 不可用的事件称为计划事件，实施改造项目（及其再鉴定试验）或进行非预防性维修大纲或安全相关系统与设备定期试验监督要求或物理试验监督要求的某一特定检查时所产生的事件称为其他事件；

发生核安全相关 SSCs 性能下降或者故障时，应按照机组安全第一、尽快进行设备可用性判断、尽快修复设备为基本原则；

若出现设备的不可用时，运行值必须依据运行技术规格书执行规定的措施，并在值班日志中记录，并明确记录设备不可用的起始时间；

当机组需要后撤时，后撤过程中的某一状态到另一状态的时间需要遵守运行技术规格书的相关规定。

3.1.3 OP-OC 运行操作管理

运行操作管理主要内容包括运行值班期间的常规运行操作管理，以及核电厂不经常进行的试验或模式转换（IPTE）的流程控制和管理（稀有操作）。通过对运行操作管理内容进行流程化梳理，主要得到运行操作管理、稀有操作管理 2 个子流程，实现运行操作管理的内容和要求流程化管控。

（1）OP-OC-01 运行操作管理

运行操作管理主要是运行各岗位人员正常运行操作的准备、执行及操作记录文件的管理，规定运行操作的基本原则和要求。运行操作管理工作的要求主要包含以下七个方面：

1）为了控制运行操作，必须明确规定使用书面程序。对于无需使用书面程序的单步操作或其他简单操作，电厂应作出明确规定。

2）执行运行操作时，如果出现需要程序但不具备程序的情况，运行管理者必须组织编写相应的专门程序，并由授权的人员批准。程序中必须说明注意事项，分析可能存在的风险，并制定出现问题之后的解决方案。

3）执行操作前，运行人员应评价操作的复杂程度及自己对操作的熟悉程度。对于复杂或不常进行的操作，应给予指导和监督，并召开工前会。如果工前会后运行人员仍对操作信心不足，则不应进行操作，运行管理者应介入寻求解决问题的办法。

4）进行涉及反应堆堆芯安全、燃料完整性或安全系统的操作时，运行人员应采取保守决策的态度，避免仓促地决定和行动。当运行人员感到不确定时，应先停止工作，请示值长后再决定下一步活动。

5）当遇到未预期的紧急运行工况时，值长有权降功率或停堆，以确保反应堆安全。当时间不允许进行充分的运行分析时，应尽量减小风险并将电厂置于“已知的安全状态”。

6）运行管理者应确定操作监护的实施标准，并对所有运行人员进行适当的培训，使所有运行人员熟知该标准并在实际运行工作中正确运用。

7）工前会是减少人员失误，增进工作人员之间沟通理解的有效工具。工前会的内容应包括：工作过程简述、辐射防护措施和/或 ALARA 方案、工业安全相关事项、相关运行经验反馈、工作参与人员的职责、风险分析及预防措施/应急预案等。

（2）OP-OC-02 稀有操作管理

稀有操作，即 IPTE，指不经常进行的试验或模式转换（IPTE：Infrequently Performed Test or Evolution），这些活动可能潜在降低核安全、辐射安全、人员安全或者电厂的可靠性。稀有操作管理工作的要求主要包含以下三个方面：

1）进行稀有操作时必须依据书面程序。

2）运行管理者应对稀有操作保持关注，并提供指导，确保其顺利进行。

3）进行稀有操作之前，操作/试验参与人员（特别是运行人员）应召开工前会，确认所有人员熟悉操作/试验过程及风险，并了解出现问题之后的应对方法。

3.1.4 OP-SC 机组状态控制

机组状态控制主要是将机组的运行状态控制在技术规格书要求的限制范围之内。在机组运转期间做好机组运行状态控制，反应堆的反应性可控在控；确保与机组安全相关的、在主控室无法监控的重要系统和设备处于正确的状态，因设备不可用（如设备故障）或机组状态控制需要保证设备处于要求的状态，避免机组发生异常或瞬态。当机组发生运行瞬态时，能够依据电厂系统设备的自动响应和运行值班人员的适当干预将机组置于安全、稳定的工况。此外，还应加强临时用水电气（汽）、系统设备在线、临时变更的管控，避免机组状态控制异常。

（1）OP-SC-01 反应性管理

反应性管理是对于影响反应性的可控制条件进行系统性的指导，使堆芯和有潜在临界可能的燃料存放受到监视和控制，保证满足设计和运行限制，是保证裂变产物屏障完整性的一个关键因素。反应性管理主要包含以下五个方面的内容：

1）对于涉及核燃料反应性的操作，运行管理者应对其计划、评估和操作过程予以足够的指导和关注，确保反应性得到有效控制。

2）涉及反应性的操作必须遵守堆芯安全限值，保持足够的安全裕度。

3）涉及反应性的操作应谨慎、细致，应对操作结果进行严密监视，确认其符合预期。

4）涉及反应性的操作应严格按照书面程序进行，并得到值长的批准。操作过程中操纵员不得同时执行其他操作，任何人不得干扰操纵员的操作过程。

5）涉及反应性的重大操作（如大幅度改变电厂功率）之前，应召开工前会，讨论操作过程及其预期结果、发生异常时的应急预案等。

（2）OP-SC-02 运行瞬态响应

运行瞬态响应是指机组处于非预期的偏离安全或稳定运行的状态时，全体生产运行人员能够很好地互相协调配合，尽快将机组引入安全、稳定状态，确保电厂工作人员、设备和环境的安全。运行瞬态响应主要包括以下六个方面的内容：

1）操纵员发现异常工况，应及时汇报值长，值长依据相关管理规定决定是否启动生产待命召集支持人员或通报上级领导。各生产相关领域按照生产待命要求进行响应。

2）运行瞬态发生后，如果电厂系统设备的自动响应与设计不符，运行值班人员应尽最大努力进行适当干预，将电厂置于安全、稳定的工况。

3）值长应按照应急状态分级的初始条件，负责对电厂所发生的事件进行判断并分类，及时向应急组织的领导报告，提出进入应急状态的建议。进入应急状态后，由应急组织负责应急管理。

4）当发生停堆或重大瞬态之后，应进行相关调查和原因分析，否则不得重新启动反应堆或恢复满功率运行。调查人员应分析原因，以避免事件重复发生。

5）发生停堆事件后，主控室人员应根据规程将电厂置于安全状态。

6）电厂应全面、完整地保存停堆事故或重大瞬态期间的运行日志、仪表记录、厂区内和厂区外的监测记录，特别是自动保护系统动作时的数据，不得随意删除、替换，以备进行事件调查或上级部门的核查。

（3）OP-SC-03 行政隔离与运行隔离管理

行政隔离与运行隔离管理的主要目的是确保电厂系统设备状态得到有效控制，避免因人员误操作导致发生影响核安全事件、机组运行异常事件，以及避免在故障设备上开展运行操作、维修作业。行政隔离是利用锁定装置来保证和机组安全相关的重要系统和设备处于正确的状态，这些系统和设备的状态改变会引起机组安全相关系统的功能失效或降级，且状态的改变不能在主控室依靠报警和指示及时被发现。运行隔离是因为设备不可用（如设备故障）或机组状态控制需要保证设备处于某种状态的管理手段（如利用锁定装置等），以防止由于这些设备状态的改变造成人身、机组、系统或设备的安全受到损害。行政隔离与运行隔离管理主要包括以下六个方面：

1）行政隔离、运行隔离的实施及定期验证，在实施行政隔离、运行隔离时应确保边界设备无缺陷、未悬挂禁止操作牌，实施完成后要进行状态验证；对于行政隔离还应制定定期验证机制，运行隔离一般不需要定期验证。

2）行政隔离、运行隔离标牌冲突检查及恢复：检查安措隔离与行政隔离或运行隔离标牌的类型或标牌的状态是否存在冲突，如果存在冲突，则应评估后可以摘除行政隔离或运行隔离标牌、悬挂安措隔离标牌，在安措隔离解除后再恢复行政隔离或运行隔离标牌。

3）行政隔离、运行隔离规程的编写：确定需要实施行政隔离的系统和设备，组织编写和升版行政隔离规程；对于机组运行状态相关的运行隔离也可以编制运行隔离规程（或者与行政隔离规程合并）。

4）行政隔离、运行隔离牌、锁准备：行政隔离使用专用隔离标志牌及专用隔离，运行隔离不做强制要求，但是应当能明确的与行政隔离、安措隔离区分。

5）行政隔离、运行隔离的解除：当要求实施行政隔离、运行隔离的机组模式或系统设备状态消失后（满足行政隔离、运行隔离解除条件），可以允许解除行政隔离、运行隔离。

6）行政隔离、运行隔离的状态跟踪：行政隔离与运行隔离的建立、解除、修改、验证信息应及时记录在值班日志上。

（4）OP-SC-04 临时用水、电、气（汽）管理

临时用水、电、气（汽）管理主要是为了保证在机组正常配置的基础上接入外部负荷、用户时，确保机组状态控制满足安全稳定要求。主要包括以下三方面内容：

1）运行人员应建立有效的流程和措施来控制和跟踪可能影响系统状态的临时用水、电、气（汽）的工作。

2）对影响系统状态或可能导致人员意外风险的临时用水、电、气（汽）工作，必须对工作的风险进行充分地分析，并评估其预防措施的有效性。

3）临时用电的工作必须满足安全用电的基本使用要求，对于临时用电的电气设备还应符合现行国家标准的规定。

3.1.5 OP-MS 运行辅助管理

运行辅助管理主要是涵盖生产运行信息管理、允许在电厂现场使用的运行辅助信息、在主控室作为重要信息提示的主控白班信息，以及电厂生产钥匙的管理。

（1）OP-MS-01 生产运行管理

生产运行管理主要是对生产早会、管理晚会、运行日报/周报、运行缺陷与十大决策、生产行动项等进行集中管理。

1）提供生产早会需要的数据录入及数据抽取功能，对填报信息进行导出，对超时未填报模块负责人进行短信邮件提醒，定时生成会议使用的材料。

2）提供管理晚会需要的数据录入及数据抽取功能，对超时未填报模块负责人进行短信邮件提醒，定时生成会议使用的材料。

3）定时获取机组运行功率参数并形成统计图，获取机组运行参数，提供数据录入功能，利用数据生成电子文件。

4）定时获取机组运行功率参数并形成统计图，获取机组运行参数，提供数据录入功能，利用数据生成电子文件。

5）提供运行决策与十大缺陷数据录入，统计报表功能，对增加的行动项进行跟踪和监控。

6）将生产运行中产生的短周期行动项统一管理。

7）将电厂层面关心的问题集中显示。

（2）OP-MS-02 运行白版管理

运行白班管理主要是运行主控室的重要信息展示管理，白板信息一般展示的内容包括当前机组现存重大风险提示、当前机组现存运行人员负担、机组反应性相关重要信息、LCO信息、主控当班操纵人员信息以及其他提醒运行人员当班期间关注的信息等。

（3）OP-MS-03 运行辅助信息管理

运行辅助信息管理是为提高运行操作准确性和可靠性，向操作人员更迅速、便捷地提供相应的提示和警告信息，包括 FOI 牌、主控操作手柄着色点、手柄保护罩、盘台贴条等。电厂运行辅助信息应包含以下内容：

1）允许在电厂现场使用的运行辅助信息的类型。

2）运行辅助信息投入使用之前的编、校、审、批流程和人员资格要求。

3）定期确认运行辅助信息的适用性。

4）运行辅助信息只能作为执行运行规程的补充，而不能替代运行规程，运行辅助信息也不能替代隔离标牌（如危险牌、禁止操作牌等）。对于长期存在的运行辅助信息，应转化为运行规程中的内容。

5）应避免使用未经批准的运行辅助信息，运行辅助信息应张贴在与之相关联的设备或仪表附近。

6）应定期评价现存所有的运行辅助信息，以确认其必要性，信息的正确性以及决定是否需要将运行辅助信息转化为运行规程的内容。

（4）OP-MS-04 生产钥匙管理

生产钥匙管理主要是指生产管理相关部门对生产钥匙的管理要求，主要包括生产厂房门锁及其钥匙管理、盘柜门锁及其钥匙管理、反应堆厂房“出入控制”钥匙管理、其他类钥匙管理等。生产钥匙管理主要生产钥匙配置、生产钥匙借用两个方面。

1）生产钥匙配置

a. 根据生产钥匙的配置部门不同，分为生产系统设备钥匙、生产厂房门钥匙、现场办公家具钥匙三大类。

b. 钥匙管理人员根据生产钥匙的配置部门分类，联系相应部门进行配置。

c. 生产系统设备钥匙包括：控制柜门锁钥匙、盘柜操作钥匙、重要设备上锁钥匙、行政隔离上锁钥匙、反应堆厂房“出入控制”钥匙；该类钥匙的配置填写工作申请，走工作控制流程分发进行配置。

d. 对于涉及的行政隔离、运行隔离锁钥匙在采购锁具时完成相应足量配置。

e. 对于生产厂房门钥匙联系土建维修部门配置。

f. 配置好的生产钥匙及时归还钥匙管理人员，并归档保存。

2）生产钥匙借用

a. 非当班人员如需使用钥匙，应向当班操纵员或隔离经理说明使用目的，办理登记手续后领取，钥匙使用后应立即归还并办理手续；不得自行从钥匙柜中取放钥匙。不允许任何人将钥匙转借给他人。

b. 对保存在生产厂房内的钥匙，借用人离开生产厂房前应归还钥匙，不得将钥匙带离控制区，防止钥匙遗失。一旦发生钥匙遗失，借用人应立即向借用批准人汇报。

c. 检查/维修人员需要在上锁区域对设备进行检查/维修时，如果维修部门将生产厂房特定门锁专用钥匙借出，则在全部工作完成钥匙归还前，该工艺房间的管理职责转移给检查/维修部门；如果钥匙依然由运行管理，则检查/维修人员在离开房间后必须通知运行人员及时锁门。

d. 对于特定门锁专用钥匙借用人员或运行人员锁门前须确认房间里已无人。

e. 若要使用重要设备上锁钥匙和行政隔离上锁钥匙，对锁具进行解锁前需得当班值长的批准。

3.1.6 OP-CY 化学与流出物管理

化学与流出物管理的目的是最大程度地保障燃料包壳的完整性，尽量降低各系统设备腐蚀产物的生成和转移，提高系统设备的可靠性和完整性，尽可能降低系统的辐射场，延长系统和设备使用寿命；向环境的放射性和非放物质的排放满足管理部门批准的限值要求并尽量减少排放，保护环境和公众；优化各系统设备的化学状态控制，并使杂质控制在合理可行尽量低的水平。

（1）OP-CY-01 化学监督

化学监督是对标最优的业界实践以建立化学管理目标，化学活动须紧紧围绕化学管理目标的达成而开展。主要包括以下三个方面的内容：

1）制定完整的化学管理程序及技术文件，确保化学活动的顺利开展。

2）对化学参数进行跟踪和控制，对于出现偏离的参数进行原因分析并及时采取纠正措施，尽量避免出现进入化学纠正行动等级范围或排放异常的情况。

3）对实验室仪器设备进行有效维护，使它们处于良好的工作状态，同时按照标准、规范的要求严格控制分析测量的质量，确保分析结果的正确性。

（2）OP-CY-02 流出物管理

流出物管理是为了控制电厂排向环境的有害物质，需要对电厂的各类排出流进行监测和控制。主要包括以下三个方面的内容：

1）电厂应建立完善的流出物实验室取样分析、在线监测等监督与控制手段及制定管理和技术文件，确保电厂流出物排放受控并满足国家或管理当局的要求。

2）电厂应不断优化排放管理相关技术，尽可能减少向环境排放的放射性和非放射性有害物质的总量。

3）定期对各机组的化学和流出物性能指标、重要参数变化趋势及重要异常进行分析评价，定期编制相应的报告。

3.2 工作管理

核电厂工作管理包含了工作申请、工作准备、安全许可、生产计划、隔离管理、工作执行和完工报告等内容，工作管理是核电站安全运行与管理的重要组成部分，是生产管理的核心流程。

工作管理的目标是规范管理所有生产构筑物、系统和设备的维修、维护、变更、试验等工作流程，通过工作管理流程对工作进行有效合理地确认、筛选、准备、协调并执行，最大程度地保证系统和设备的可用性及可靠性，保护电厂免受非预期的瞬态冲击，同时使核电厂的人力及材料资源得到最优化的分配和利用。

工作管理领域包含 7 个流程、23 个子流程，如表 3-2 所示。

表 3-2 核电厂工作管理领域流程和子流程关系表

领域	流程	流程编码	子流程	子流程编码
工作管理 WM	工作申请	WM-WR	工作申请	WM-WR-01
	工作准备	WM-MA	工作包管理	WM-MA-01
			质量计划	WM-MA-02
			防异物管理	WM-MA-03
			模板工单管理	WM-MA-04
	安全许可	WM-SP	工业安全高风险作业许可管理	WM-SP-01
			动火作业许可管理	WM-SP-02
			射线探伤作业许可管理	WM-SP-03

续表

领域	流程	流程编码	子流程	子流程编码
工作管理 WM	安全许可	WM-SP	辐射工作许可管理	WM-SP-04
			消防系统隔离许可管理	WM-SP-05
	生产计划	WM-PL	日常计划管理	WM-PL-01
			大修计划管理	WM-PL-02
			小修计划管理	WM-PL-03
			计划风险控制	WM-PL-04
			发电计划管理	WM-PL-05
	隔离管理	WM-CL	隔离管理	WM-CL-01
	工作执行	WM-WP	工作许可与控制	WM-WP-01
			维修实施管理	WM-WP-02
			修后试验管理	WM-WP-03
			质量缺陷报告管理	WM-WP-04
			简单维修	WM-WP-05
			紧急维修	WM-WP-06
	完工报告	WM-FR	完工报告与归档	WM-FR-01

3.2.1 WM-WR 工作申请

机组在长期运行过程中，由于受到工况改变、设备老化、人员操作不熟练等诸多因素的影响，不可避免地会出现各类缺陷。工作申请业务流程是以缺陷的及时处理为核心进行开展，经过了从发现缺陷并提出工作申请到依据特定原则判断选取紧急工作流程、简单维修流程，或者常规工单流程之一进行处理的过程。

核电厂工作申请一般分为设备缺陷类工作申请和临时工作申请两种，其中缺陷类工作申请的类型为 CM 或 DM；对于需在 SSCs 上开展的其他类工作，在生产管理信息系统中填写临时工作申请进行处理。

在工作申请审查阶段，需要确定工作申请的优先级和作业类型。工作申请通常采用一级审批，批准后的工作申请一般有两种处理方式，即转简单维修或转工单处理。生产计划管理部门需做好非紧急工作申请的跟踪和协调，及时推进工作申请的处理，直至工作申请被关闭。运行部门做好紧急工作申请的跟踪和协调，以避免造成机组即时降功率或核安全、辐射安全、工业安全水平下降。

核电厂有些工作可以不在生产管理信息系统中填写工作申请，例如标识标牌类异常、核清洁配合工作、厂房清洁工作、巡检工作、图纸文件和规程的修改、非生产管理程序规定的工作等，这些工作作为各部门常规工作进行管理。

3.2.2 WM-MA 工作准备

工作准备需对维修、试验、变更等活动进行充分分析，并通过工作文件给出正确指示以保证工作的最终质量。工作准备是维修工作的一个重要环节，对控制实施中的风险，确保维修中的安全与质量至关重要。

（1）WM-MA-01 工作包管理

工作包汇集了完成某项任务所需要文件的集合，通常包括工作包封面、工作指令单、资源需求单、工前/工后会记录表及其他支持文件（如图册、设备用户手册、焊接工艺卡、经验反馈、安全分析、许可证、各种特殊的许可证、应急预案等）。工作包给工作的执行提供了信息、要求和说明，并从技术上对核安全与工作安全的因素予以考虑。工作包管理业务流程适用于从工作包准备到完工归档的整个业务流程。包含三个子流程，分别是工作准备、完工报告和模板工单。

维修工作应对维修工作进行分级，依次为关键维修、重要维修、一般维修和简单维修，以实现不同级别的工作在维修人员安排、维修准备要求、现场管控要求等方面进行区别对待，从而提高维修效率，确保维修活动的风险管控。维修工作分级影响因素如表 3-3、表 3-4 所示。

表 3-3　维修工作分级影响因素

决定因素或准则	关键维修	重要维修	一般维修	简单维修
复杂程度及执行频度	复杂且不常执行（通常大于一个大修周期）	复杂且经常执行（通常小于等于一个大修周期）	简单工作	简单工作或不需要文件
工作规程或方案	工作需要使用专门的规程或方案，但规程或方案尚未编制	工作需要使用规程或方案，规程或方案可用且满足工作需要	通常不需要规程或方案，依据工作指令	规程、方案、工作指令均不需要
机组运行风险	工作中存在单一失效或失误引起停堆、停机或瞬态的风险高	工作中存在单一失效或失误引起停堆、停机或瞬态风险低	无单一失效或失误引起停堆、停机或瞬态风险	对机组无影响，人身安全风险很小或无
重要系统、设备意外启动或停止	风险高	风险低	无	无
消防、工业安全或辐射风险	工作中涉及消防、工业安全或辐射的风险高	工作中涉及消防、工业安全或辐射的风险中等	工作中涉及消防、工业安全或辐射的风险低等	不存在消防、工业安全或辐射风险
工作进入 LCO 允许时间	LCO 后撤时间使用 >50%	LCO 后撤时间使用 >25%	无	无

对于复杂且不常执行（通常大于一个燃料循环或一个大修周期）的工作，如果已经有技术规程，并经验证可用（包括工作环境、系统工况、技术条件、工作对象、工作内容等均适用），可以列为重要维修。

在工作开展之前，工作准备人需要结合工作实际进行工作评估和准备，工作评估主要包括：熟悉现场设备位置和状况，根据现场实际维修环境开展技术评估；了解设备的维修历史；了解设备的经验反馈。工作准备的内容包括：人力准备、材料准备、工具准备、备件准备、文件准备、辐射防护工作准备、技术支持准备。

表 3-4　维修工作分级控制

维修分级	关键维修	重要维修	一般维修	简单维修
现场勘查	√	√	自选	自选
规程或方案	√	√	自选	×
人员准备	√	√	√	√
材料准备	√	√	√	√
备品备件准备	√	√	√	√
工器具准备	√	√	√	√
工作包准备	√	√	√	×
支持工作准备	√	√	√	自选
附件许可准备	√	√	√	×
工作许可准备	√	√	√	×
工前会准备	√	√	自选	×

工作准备完成后需要经过编、审、批流程，以确保工作准备的质量，不同维修分级的工作包，采用不同层级的审批步骤，分级越高的工作包最终审批级别越高。

（2）WM-MA-02 质量计划

质量计划是针对现场维修类实施工作规定专门的质量措施、资源和活动顺序的文件。为控制和证明维修和变更工作的质量，选择工作过程中一些对质量有直接影响的工序，如重要关键的安装、检查、调整、修理、试验等工序，编制而成的质量控制文件。质量计划管理流程包括质量计划编制、选点、审批、见证及关闭。

质量计划中选定的质量控制点包括 H 点、W 点、R 点。

1）停工待检点（H 点）：停工待检点是特定的质量控制点，必须由独立验证人员书面放行才允许进行该控制点以后的工作。

2）见证点（W 点）：工作过程中设点的 QC 检查点，要求 QC 人员对该见证点的现场作业过程进行见证或检查。

3）审查点（R 点）：文件审查点。

设备维修类工作质量控制实行分级管理，根据设备分级和维修等级来决定是否编制质量计划，如表 3-5 所示。

表 3-5 质量计划编制关系表

维修分级 设备分级	关键维修	重要维修	一般维修	简单维修
CC1	编制	编制	不编制	不编制
CC2	编制	编制	不编制	不编制
NC	编制	编制	不编制	不编制
RTM	不编制	不编制	不编制	不编制

永久变更项目中实施主要工作的工单都需要编制质量计划。定期试验、修后试验类工作为非侵入性工作，本身就是验证设备性能和功能，不需要编制质量计划。

（3） WM-MA-03 防异物管理

防异物是指采取一定的技术方法或管理手段来防止由于疏忽而导致异物进入系统、设备，或降低异物进入发生概率。系统设备防异物的三个层次：

第一层：厂房、系统、设备防异物屏障，主要有各种滤网、离子交换器、过滤器、防尘防雨罩、厂房房间周界门窗等，保证这些防异物屏障的完整性和效率是保证厂房系统中没有超标异物存在的有效手段。

第二层：采取引入异物可能性小的设备、工艺和技术，如：

1）凝汽器和 RCW 热交换器在传热管口安装尼龙保护套，也是防止异物卡在传热管的手段之一。

2）采用可拆卸式整体保温，减少保温固定螺钉，便于拆装，降低保温材料成为异物的可能性。

第三层：在工作中防止异物进入系统设备，这是本程序的主要内容。

在开放系统、设备内或附近工作时，必须制定和贯彻防异物的措施。具体的防异物措施按照项目的重要性分为一般工作项目的防异物和重大工作项目的防异物措施。对于一般工作项目可以不设置防异物控制区，但应采取相应的现场异物防范和控制措施，包括工器具的检查、防异物材料的准备；对于重大工作项目应专门建立防异物控制区进行异物控制。内容包括工器具检查、防异物材料准备、工作前的人员防异物培训等。

1）工作人员应该树立预防为主的思想，事先做好充分的工作准备，并采取防止异物进入系统和设备的必要措施。在设备、容器等开口作业结束后关盖前，要确保取出所有应取出的物件；

2）异物控制的方法主要是尽量缩短设备和系统的开口时间以及尽量减少进入作业区的

人员和物品的数量。在异物落入风险较大的地方，要减少程序、图纸、工具、部件和材料等物项的使用与放置；

3）为保护开口的设备或系统防止异物进入而采取的控制措施，应与维修活动的具体情况、所涉及的设备或系统以及设备开口的尺寸等相一致；

4）对于较大型的检修活动。如反应堆装换料、发电机和汽轮机检修、大型容器的开孔检查等，需要建立封闭控制（隔离）区，指定专人负责该作业控制（隔离）区的人员和物品进出的管理，并设立现场守卫值班来具体负责人员和物品进出的登记检查工作。此外进入作业控制（隔离）区人员的着装应保证没有遗落纽扣或其他饰物的可能；

5）对于反应堆、蒸发器、主泵、汽轮机、发电机等主要设备的螺栓孔，在检修中卸去螺栓后，应根据现场情况采取适当措施进行封盖保护，防止螺纹损坏和异物进入螺孔；

6）较小型的检修作业。如阀门、泵、管道等的解体检修，一般也要求将作业区域隔离起来，并由作业组成员负责该区域的防异物控制；

7）应建立并严格执行人员和物品进出作业控制（隔离）区的登记记录制度；

8）所有与清洁度和异物侵入有关的事件必须立即向上级主管部门领导报告，及时填写状态报告，做好经验反馈工作。

（4）WM-WO-04 模板工单管理

针对重复性工作，核电厂可以创建模板工单，以便于今后开展这些工作时，可以通过复制或引用模板工单信息，快速、高效地完成工作准备。模板工单包含了工作基础信息、工作指令、隔离需求、技术文件等信息，同时工作准备人可根据历次工作经验反馈，不断优化完善模板工单。模板工单需要经过编写、校核和审批，已生效或已发布的模板工单可以直接引用。

针对同类型机组，模板工单库的建立将有效提高新建机组的生产准备进度和质量，电厂仅需有针对性的对模板工单进行升版。

3.2.3 WM-SP 安全许可

安全许可主要指工作开工前需要完成办理的高风险作业许可、动火许可、辐射防护许可、射线探伤许可等附加许可证。

（1）WM-SP-01 工业安全高风险作业许可管理

工业安全高风险作业是指有较大危险性，固有风险或潜在风险高，如不采取必要的安全措施，一旦发生事故，可能会造成严重人身伤害事故的作业，例如有限空间、带压堵漏、潜水等作业。根据作业风险等级，工业安全高风险作业分为二级管理，2 级作业的工业安全风险高于 1 级作业的风险。

1 级工业安全许可（ISP1）包括：

1）一般高空作业：指坠落风险较高的高处作业。距坠落高度基准面 5～15 m 脚手架搭设、拆除；距坠落高度基准面 5~15 m，使用软梯的高空作业。

2）重大起重作业：关键、重要设备的起重作业（如汽轮机/发电机转子、反应堆顶盖吊装等）或吊装方案复杂存在重大安全风险的起重作业（如吊装/转运路径复杂、物件需要翻转操作等），跨房间吊运管道作业，以及起吊重量在 30 t 及以上的起重作业。

3）有限空间一级高风险作业：与外界相对隔离，进出口受限，自然通风不良，足够容纳一人或少数人员进入并从事非常规、非连续作业的有限空间场所（如地井、密室、有限容器内）开展作业。

4）存在以下危险特征的至少一项：①存在或可能产生窒息、有害气体（如油漆等）、腐蚀、坠落、高温、高压、触电等危害；②存在或可能产生吞没作业人员的流体或物料；③内部结构可能将作业人员困在其中（如四壁向内倾斜收拢）；④需要办理一级高风险作业（ISP1）许可的其他作业。

5）液氮冰塞作业：指利用低温冷冻剂（液氮）对管道内的液体进行局部冷冻使之结冰，从而在管道内形成一段固体且能承受一定的系统压力冰块，以实现隔离的作业。

6）其他作业：作业现场环境较恶劣、存在潜在工业安全危害的，工作负责人、工作准备人或工业安全管理人员评估认为有必要办理工业安全一级许可证的工作项目。

2 级工业安全许可（ISP2）包括：

1）有水淹风险的海水系统内部作业：作业面位于海平面标高以下，且没有可靠安全隔离措施，导致存在人员淹溺或受困风险的海水系统内部作业。

2）潜水作业：涉及到人员借助潜水设备在水下进行的各类作业。

3）带压酸碱设备检修作业：对储存酸、碱的带压设备（系统压力为 0.1 Mpa 及以上）进行检修作业；对无法彻底疏排的介质为浓硫酸、浓盐酸和浓氢氧化钠溶液等强酸强碱的设备或管道进行开口、拆卸作业。

4）带压堵漏作业：指在不停机、不改变工艺系统的运行方式、介质运行温度和压力的情况下，通过使用专用夹具并注入密封剂等手段，使泄漏点消除的检修方法，捆扎、捻缝等方法也属于带压堵漏的范畴。对于压力小于 0.7 MPa（表压）或温度低于 70 ℃的非放射性水介质的带压作业不纳入二级高风险作业范围。

5）安全壳打压：在安全壳打压的高压环境下开展的作业。

6）重大高空作业：①高空悬挂作业：指人员站在吊篮内，通过架设建筑物的悬挂机构，提升吊篮上下移动进行的高空作业；人员通过绳索与吊板开展的蜘蛛人高空作业；②距坠落高度基准面 15 m 及以上，使用软梯的高空作业；③攀爬距离 30 m 以上（中间无转换平台或无护笼）到达作业面的登高作业，如烟囱、铁塔等区域开展的高空作业。

7）有限空间二级高风险作业：①存在或可能产生（带入）有毒气体、易燃易爆等危害气体，可能导致人员中毒、窒息，发生爆炸、火灾或救援困难的有限空间作业；②特殊危险情况有限空间作业，在作业场所中同时存在或可能产生其他有毒（如：氨气、硫化氢、氯化氢等）、易燃易爆气体的有限空间作业。

8）重大脚手架搭设作业：悬吊式脚手架搭设作业；高度 15 m 及以上的脚手架搭设作业；在 GIS 开关站、三变等区域内不停电情况下进行脚手架搭设作业。

9）带电作业：在交流 6 kV 及以上电气设备上不停电进行检修作业，工作人员身体可能直接接触带电部分，或安全距离小于《电力（业）安全工作规程 <发电厂和变电站电气部分>》规定的安全距离。

10）电缆切割作业：380 V 及以上动力电缆切割更换作业。

11）电梯整体更换作业：对电梯实施整体更换的作业。

12）其他作业：工作负责人、工作准备人或工业安全管理人员经评估认为需办理工业安全 2 级许可证的其他工作项目。

（2）WM-SP-02 动火作业许可管理

动火作业指能直接或间接产生明火的作业，应包括熔化焊接、压力焊、钎焊、切割、喷枪、喷灯、钻孔、打磨、锤击、破碎和切削等作业。

根据火灾危险性、发生火灾损失、影响等因素将动火级别分为 1 级动火、2 级动火两个级别。

2 级动火区：火灾危险性很大，发生火灾造成后果很严重的部位、场所或设备（包括但不限于：油罐区，汽轮机油系统、油管道及与油系统相连的汽水管道和设备、油箱，易燃易爆物品储存场所，变压器等注油设备、油处理室，蓄电池室（铅酸），安全相关设备及安全停堆部件所在部位，经火灾风险分析后的受限空间（含密闭空间）或环境复杂、灭火救援困难的空间等）。

1 级动火区：指 2 级动火区以外的防火重点部位、场所或设备及禁火区域（包括但不限于：发电机、电缆、电缆间、电缆通道，控制室、集控室、通信机房、电子设备间、计算机房、档案室等）。

（3）WM-SP-03 射线探伤作业许可管理

所有射线探伤作业，必须坚持"安全第一、预防为主"及"辐射工作许可"的原则，严格按照安全控制流程进行。

从事射线探伤工作的承包商应持有国家环保部门颁发的《辐射安全许可证》。射线探伤工作负责人及射线探伤操作人员参加政府环保部门组织的相关培训，并取得合格证；射线探伤工作负责人及射线探伤操作人员接受石岛湾公司对射线探伤安全规定的培训。射线探伤工作活动应具备以下设备、仪表和许可证：

1）《辐射工作许可证》（申办流程详见《辐射工作许可管理》）。

2）便携式环境剂量率监测仪表。

3）带声光报警的直读式个人电子剂量计、热释光剂量计。

4）探伤警示标志和探伤隔离警示带。

5）专用声光报警装置。

6）《射线探伤安全许可证》。

（4） WM-SP-04 辐射工作许可管理

为了对辐射工作进行有效控制，达到剂量限制和污染控制的目的，核电厂对辐射工作实施辐射工作许可制度。凡涉及实施放射性的工作和活动都必须办理辐射工作许可证（RWP），确保进行存在辐射风险的工作时，未按要求办理辐射工作许可证的次数为 0 次。

辐射工作许可证是对这些辐射工作实施的许可制度，以便记录和控制辐射控制区内存在潜在和实际辐射危害的工作，其规定了许可适用的作业范围和风险水平、所需的人员资格、防护措施和指令、剂量测量和限制、辐射控制点等内容。辐射工作许可证的分级如表 3-6 所示。

表 3-6 RWP 的分级标准

RWP 级别	集体剂量 CD/（人・mSv）	最大个人剂量 D/mSv	表面污染风险 C_1/（Bq/cm^2）	空气污染风险 C_2（DAC）	辐射分区
1 级	CD<0.2	D<0.05	C_1<4	C_2<0.1； C_2<2（氚）	/
2 级	0.2≤CD<2	0.05≤D<2	4≤C_1<40	0.1≤C_2<1； 2≤C_2<5（氚）	/
3 级	2≤CD<20	2≤D<4	40≤C_1<400	1≤C_2<10； 5≤C_2<10（氚）	橙区
4 级	CD≥20	D≥4	C_1≥400	C_2≥10	红区

1）对于辐射控制区绿区、黄区的部分作业或活动，可以办理有效期为一年的长期辐射工作许可证：

运行人员的巡视和操作；

化学取样和测量分析工作；

维修、防腐、无损检测等工作前的现场勘查、设备确认；

辐射控制区现场服务，包括日常核清洁及核去污（除三级核清洁工作、高辐射风险区在线去污外）、卫生出入口值班、放射性固体处理系统运行操作等；

辐射作业监督检查、辐射防护巡检、辐射水平调查和测量；

管理者现场巡视（包括公司领导、部门管理人员、安全及技术管理人员现场巡视等）。

2）短期辐射工作许可证针对某项具体工作，除长期辐射工作许可证之外的其他工作，必须办理短期辐射工作许可证，有效期一般至该项工作结束之后。

3）对于紧急维修工作，经当班值长和辐射防护工程师口头或电话确认必要性和辐射安全条件后，工作负责人在现场办理各类辐射工作许可，并在检查辐射防护措施到位的前提下实施紧急维修工作，工作结束后及时补办辐射工作许可证。

4）对于可能导致辐射控制区内辐射剂量率突变的设备操作及系统运行，必须单独申请短期辐射工作许可证。

（5）WM-SP-04 消防系统隔离许可管理

因变更改造、预防性和纠正性维修、动火作业等工作需要，需将某个防火区（房间）的火灾自动报警系统或灭火系统进行临时隔离，必须提前办理消防系统隔离许可。

防火区（房间）内单个探测器维修（该区域内有多个探测器）且不涉及火灾自动报警系统主机或回路隔离，可不办理消防系统隔离许可证。

3.2.4 WM-PL 计划管理

为了让核电厂在保证安全和质量的前提下完成发电任务，创造价值，必须建立一套成熟、先进的生产计划管理体系，确保计划周密安排、生产任务高效执行、有效控制生产成本。计划管理的内容包括日常计划管理、大修计划管理、小修计划管理、计划风险控制和发电计划管理。

（1）WM-PL-01 日常计划管理

核电厂功率运行期间，有效、有序地对关键、重要的 SSCs 实施纠正性、预防性和预测性维修活动，对于确保机组的安全可靠运行非常重要。日常计划管理通过工作控制流程对工作进行有效合理地确认、筛选、准备、协调、执行，最大程度地保证系统和设备的可用性及可靠性，同时使电厂的人力及材料资源得到最优化的分配和利用。

日常计划管理总体要求如下：

1）核电厂功率运行期间，有效、有序地对关键、重要的 SSCs 实施纠正性、预防性和预测性的维修活动。

2）有效管理功率运行期间的生产活动，增加系统和机组的可靠性，降低 SSCs 缺陷对机组运行的影响，特别关注那些需要特殊资源才能完成的少量活动，减少换料大修的工作项目和范围。

3）生产活动需要建立在计划的工作边界内，维持在可接受的安全风险水平之内，在工作活动开始之前必须完成相应的风险评估。

4）严格禁止为了同一目的或工作而采取的，先退出 LCO 然后再重新进入 LCO 以复位 TS 退防时间的行为。

5）功率运行期间如果因为恶劣天气影响造成场外电源失去或降级，则电厂应尽快地将用于缓解外电源丧失的系统复役或置于可用状态，日常计划必须为满足此要求做出相应调整。

6）化学控制相关系统的维护工作安排，不能影响电厂的化学控制要求。

7）利用准确的项目筛选和安排，绑定日常工作和试验项目，依据SSCs监督周期来安排计划和排程，在SSCs不可用性和可靠性之间取得平衡，最大程度降低停役维修造成的SSCs不可用率，从而最大程度降低电厂总体风险。

8）日常计划应严格控制进入技术规格书项目的数量，以避免超出限制造成不可接受的风险，降低机组安全功能。

9）在计划安排时，将单点敏感设备的维修活动列入较高优先级。

10）原则上应尽可能减少因计划安排产生临时SPV设备的次数和存续时间，同一时间只能进行一项产生临时SPV的工作。

11）任何时候，重要设备（反应堆、汽轮机、发电机、380 V及以上电气设备）不得在失去保护的情况下运行。在具备后备保护的条件下，如需退出保护，维修方案或临时变更必须得到主管领导批准。

12）机组日常运行期间，不得在同一核安全相关系统的不同列上同时安排工作。机组日常运行期间，不得同时在两个保护通道上开展工作或试验。

核电厂需对生产计划项目实行长周期滚动计划管理，做到：

1）通过合理的资源配置，实现计划项目实施前的充分准备。

2）通过风险分析和控制，降低计划项目安排对电厂运行风险的影响。

3）通过对计划项目的合理安排，提高效率和减少维修工作对机组运行的影响，从而保证电厂三天滚动生产计划的有效执行，降低机组非计划降功率、停机以及各种瞬态的可能。

（2）WM-PL-02 大修计划管理

换料大修是核电厂运营管理过程中的一项复杂而重要的活动。大修计划指按大修各项活动间逻辑关系确定编制的、明确了每一项活动起止时间的进度计划。大修计划包括大修一级、二级、三级、四级计划。大修计划管理包括大修里程碑、预大修计划管理、大修计划管理等内容。

大修类型指根据大修工作范围及规模划分的大修类别，主要有：

1）A类大修：实施机组的全面检查、维护和试验。机组全面大修以十年为周期。新建机组的首次大修是特殊的全面大修，包含工程调试阶段的遗留项目处理。

2）B类大修：一般在两次A类大修之间安排一次B类大修，集中安排较大规模的预防性维修、变更改造、设备缺陷处理。

3）C类大修：以机组的一个燃料循环为周期，实施一般规模的设备或系统变更，消除机组运行期间存在且无法处理的设备缺陷以及执行预防性检修、检查和试验等。

4）D类大修：以机组的一个燃料循环为周期，实施小规模的设备或系统变更，消除机组运行期间存在且无法处理的设备缺陷以及执行预防性检修、检查和试验等。

在大修开始前，核电厂应适时安排预大修工作，以安排那些与大修相关但必须在大修前实施的检修和试验等工作。预大修计划编制原则：

1）原则上与大修相关但必须在大修前实施的检修和试验等工作纳入预大修计划安排。

2）满足技术规范对日常运行的要求，确保项目安排不影响核安全。

3）遵守日常运行期间工业安全、辐射防护法规的要求，落实 ALARA 原则。

4）预大修计划应纳入日常生产计划安排，并统筹安排执行。

（3）WM-PL-03 小修计划管理

核电厂小修是指除大修之外的停堆、停机检修，包括计划小修和非计划小修。小修的项目可以分为以下两类：

1）小修优先处理项目：在有小修窗口时尽快处理，否则会影响机组安全运行或潜在后果重大。

2）小修择机处理项目：经过评估为非优先处理项目，可以考虑安排在合适的小修窗口或大修中处理。

核电厂应根据已确定的小修项目，提前编制小修计划预案，并根据最新的小修项目及时审查和修订，经批准后进行发布。

1）在制定小修预案时，应包括小修项目中的所有 SPV 设备项目，且应优先安排 SPV 设备缺陷处理；如因机组状态、备件等原因无法处理的 SPV 设备缺陷则在预案中进行说明并得到审批认可。

2）小修计划预案每月需至少审查一次，并在重大节假日和电网有调停要求前进行审查。

3）机组进入小修后，根据小修计划预案并结合导致机组小修的主要缺陷，确定小修实施计划，包含从机组解列到并网所进行的各项工作。

（4）WM-PL-04 计划风险控制

在核电机组并网运行期间，根据机组安全运行需要，电厂会安排维修、试验、操作、变更等工作，这些工作的执行将给机组的安全稳定运行带来风险。风险类型包括：核安全风险、运行风险、辐射安全风险、消防风险、工业安全风险和环境风险等。

针对于不同类型的风险项目，采取相应的风险项目处理响应，大致可以划分为高风险、中风险、低风险和常规工作，如表 3-7 所示。

表 3-7 工作风险等级判断表

	高风险	中风险	低风险	常规工作
PSA	红	黄	白	绿
Ts 后撤时间	≤72 h	≤7 d	≤14 d	>14 d

续表

	高风险	中风险	低风险	常规工作
LCO时间利用率	≥75%	≥50%	≥25%	<25%
辐射剂量	≥150 mOv	≥100 mOv	≥50 mOv	<50 mOv
发电风险	严重后果、高可能性	严重后果、低可能性	后果较轻、高可能性	后果较轻、低可能性
降负荷	≥20%	≥10%	<10%	无
人因、人身安全	首次执行的工作；稀有作业且人员对工作不熟悉	稀有作业且人员对工作熟悉	常规工作且人员对工作不熟悉	常规工作且人员对工作熟悉
工作复杂性	很多专业工作同时开展的跨多部门工作	多专业工作同时开展的正常跨部门工作	两个专业工作同时开展的正常跨部门工作	单专业工作
工作准备监督	电厂管理层或其指定人	部门处长或其指定人	科长或其指定人	计划周经理
工作实施监督	指定项目经理，全天候监督	指定项目经理，全天候监督（如需要）	指定项目监督人	班组监督
排程	按小时排程	详细排程	详细排程（如需要）	日排程
工时风险评估	根据工作历史、行业经验、电厂经验和现场巡视进行评估	根据工作历史、行业经验、电厂经验和现场巡视进行评估（推荐）	工时风险评估（如需要）	日常长周期评估
应急预案	编写风险应急预案，应急物资现场就位，开发应急工作包并进行现场巡视	编写风险应急预案，应急物资现场已预留，开发应急工作包并进行现场巡视（如需要）	编写风险应急预案，应急物资现场已确认可用，开发应急工作包并进行现场巡视（如需要）	正常备件和工作包准备流程
风险挑战	需要	需要	推荐	日常长周期风险评估
审核、批准流程	电厂管理层审核、批准	跨部门处长审核	跨部门处长审核（推荐）	日常批准流程

（5）WM-PL-05 发电计划管理

发电计划管理包括发电规划、发电计划管理、电厂关口计量管理和涉网设备检修计划管理等工作，核电厂发电计划管理部门定期组织编制年度、月度、日发电计划。发电计划管理部门组织编制涉网设备检修计划，对于电网调度管辖或许可设备的检修申请，并按电网规定期限要求提前上报，并负责向收件单位做内容解释。

3. 2. 5 WM-CL 隔离管理

隔离管理主要是指对系统设备维修、试验等工作范围划出安全范围、制定边界设备标牌和挂牌状态，以及释放储能的安全措施，确保维修和试验工作的安全，以及维修、试验等工作完成解除隔离，摘除标牌、恢复边界设备到原状态或要求的状态。隔离管理主要指安措隔离管理，当工作置于隔离保护之下时，工作过程可以安全的进行，但工作过程中的修后试验条件却对隔离的完整提出了破坏需求，设置临时摘牌流程，用于处理工作过程中的修后试验。隔离管理主要包括工单与隔离关联和隔离准备、隔离的实施与确认、临时摘牌、隔离的解除与确认等 4 个主要流程。

工单与隔离的管理及准备：隔离准备人在审核工单任务时，根据工单任务的隔离需求，创建隔离并关联工单任务（或将工单任务关联已有隔离），并编制隔离边界设备的标牌类型、挂牌状态和挂牌顺序，必要时也可以准备摘牌状态和顺序。

隔离的实施与确认：审核已经准备的隔离边界及挂牌状态是否满足工单任务的隔离需求，审核通过后打印或下达隔离实施操作票，实施隔离边界设备的挂牌、置于挂牌要求状态，完成后将隔离置于隔离确认状态；此外，针对需要独立验证的挂牌设备，还应当安排独立验证。

临时摘牌：当维修工作需要隔离安措边界条件进行调整进行的修后试验时，针对隔离安措边界设备进行临时摘牌，将隔离安措边界设备置于修后试验要求的状态，在完后修后试验后，实施重新挂牌操作，挂回摘回的标牌并将设备置于原隔离状态。

隔离的解除与确认：当被隔离保护的工单任务已经完工，或工单任务已不需要隔离安措保护时，可以解除隔离安措，摘回悬挂的标牌并将边界设备置于摘牌要求状态，完成摘牌后确认隔离已解除。

此外，通常隔离行政隔离和运行隔离与安措隔离使用相同的业务功能模块，因此隔离管理还应当包括按错隔离与行政隔离冲突解决流程、安措隔离与运行隔离冲突解决等流程，解决流程内部及流程间的问题。

3.2.6 WM-WP 工作执行

工作执行流程主要是指工作票开完工许可和工作执行过程中的非预期事件的处理过程管控，包括工作许可人、工作负责人通过工作票完成开工、完工许可，维修工作、定期试验和修后试验的实施，以及工作执行期间非预期事件处理（工作负责人变更、临时增加安全许可证、工作内容变更、安措变更等）。工作执行过程根据工作特性分为常规维修工作、简单维修工作、紧急维修工作，其中简单维修和紧急维修是工作执行过程中的两种特殊情况。

（1） WM-WP-01 工作许可与控制

工作许可与控制管理流程包括工单任务审查、开工会签、开工许可、临时迁出、重新签入、工作延期、完工会签、完工许可和完工验证内容，实现从工作开工到工作完工的全面管控，从而保障各项工作开展时工作人员的人身安全、设备安全和工作的顺利进行。可借助信息技术实现工单—隔离—工作许可与控制之间的数据信息传递，使整个工作许可与控制流程实现电子化。工作许可与控制的主要包括以下 5 个方面的内容：

工单任务审查与开工会签：对工单任务从运行风险分析、工期的合理性、文件准备的完整性以及设备或系统的可隔离性等方面进行审查；当隔离安措需要操作的边界设备属于另一机组，或其他归口处室时，应当进行工单任务的开工会签。

开工许可：工作许可人确认开工所需的条件已建立，工作负责人与工作许可人确认工作所需条件已经具备，则双方履行开工手续，工作开始执行。

临时签出与重新签入：当隔离关联的工单任务开始执行后，需要更换负责人、隔离安措变更、增加安全许可证、修后试验（需要解除部分隔离边界）等情况时，工作负责人将工单任务从隔离安措中临时签出，完成上述情况处理后再重新签入隔离继续工作，或者不需要隔离直接将工单任务完工。

完工许可与完工会签：工作负责人确认工作已经完成、对象设备已经恢复到要求状态，向工作许可人申请完工，工作负责人在确认工作已经完成后，许可完工；工作完工后，实施隔离安措解除；开工会签部门在确认工作完成后，解除隔离安措。针对未能确认完全消除的工作，完工时应选择等待验证的选项。

完工验证：针对完工时未能进行修后试验、临时处理的工作，应当安排后续的验证和处理工作。

（2）WM-WP-02 维修实施管理

应标准、规范、严格地按照核电厂维修工作组织流程和工作文件执行维修工作，保证维修工作安全和质量。维修实施管控主要包括召开工前会、先决条件确认、建立维修工作区、维修工作实施、工作完成后工作场地和设备设施的清洁、清理与恢复、召开工后会、编制完工报告等。

实施前，维修工作负责人应与维修工作准备人沟通，达到对维修准备内容的全面、彻底理解，详细了解维修工作采用的技术方法、风险及预防措施、验收标准、质量控制、应急预案、资源配备等。

维修工作负责人对维修执行过程中的安全、质量与进度控制，严格遵守 30 分钟汇报制度，负责及时向上一级管理者汇报维修执行过程中的异常问题，异常消除后汇报处理结果。

（3）WM-WP-03 修后试验管理

维修后试验是指单体设备进行维修后，为了验证设备维修的质量以及维修后是否能满足系统功能要求而进行的各种有计划的技术状态检查、参数核对和性能证实活动。修后试验管理流程包括试验准备、维修后试验实施、结果判定等内容，其中判定结果分为三类：试验合格、试验不合格和试验合格有缺陷。

开展了影响系统/设备执行预定设计功能的维修工作，需要进行维修后试验，对于以上范围之外的核安全设备维修工作，设备、运行及维修工程师不能证明设备功能未受到影响时也需要考虑进行维修后试验。原则上，不影响系统设备功能的、故障查找、功能验证类的维修工作不需要维修后试验。

（4） WM-WP-04 质量缺陷报告管理

质量缺陷报告（简称 QDR）是针对维修过程中出现的非预期的物项质量不满足原设计要求，而必须及时制定纠正措施来修复设备或物项质量使之达到设计要求的一种设备质量异常报告，是包括纠正措施/方案管理为一体的质量管理方式。

在现场作业过程中发现本工单范围内设备或部件的非预期缺陷，应填写 QDR，使缺陷得到有效的跟踪处理。但如果属于下列情况，则可以不填写 QDR：

1）工单中已明确的工作内容和要求处理的缺陷。

2）工作组能在工作过程中通过简单的处置即能得到处理的一些小缺陷，这些缺陷的处理不需要技术方案，也不涉及备件问题。

3）对于一些运行多年的电气/仪控卡件按预防性维修项目进行有计划的定期更换，即使更换下来的卡件有故障，也不必填写 QDR。

（5） WM-WP-05 简单维修

简单维修是工作执行过程中的一种特殊情况。核电厂建立简单维修管理业务流程的目的是通过简单维修活动识别，简化这些维修活动的工作过程控制，以提高维修工作效率，从而使电站重要的维修活动能得到充分的关注力和维修资源保障。

所有进入简单维修的工作都需要符合核电厂简单维修清单的要求，不得将不在《简单维修清单》中的工作申请转化为简单维修工作，以避免工作过程中产生风险。简单维修工作无需生产计划部门进行排程，并应在 2 个工作日内完成处理，对于无法消缺的简单维修，应再次填写工作申请，并转工单进行处理。

不应通过简单维修开展的工作包括 SPV（关键敏感设备）区域内的工作和需要办理辐射工作许可等附件工作许可的工作。

（6） WM-WP-06 紧急维修

紧急维修时工作执行过程中的一种特殊情况。设备失效或严重降级使系统不能运行或不可用，可能造成机组即时降功率或核安全、辐射安全、工业安全水平下降，经当班值长判断为紧急抢修工作后，维修专业需进行快速准备和工作实施，以保障机组安全稳定。

为加快紧急工单的准备，服务支持业务领域应以抢修工作为中心，加快响应并提供额外的服务，以缩短紧急工作准备时间。

1）对于需要检修方案的工作，方案编写人可提前联系审批人员进行方案指导和审查，且在方案编制过程中，可以直接要求相关专业的维修人员、设备管理人员、运行人员、计划人员、核安全工程师等共同进行方案的讨论与制定。

2）在特别紧急情况下，如需备品备件，在确定备件型号和数量后，由仓储管理部门清点确认，直接送至维修工作负责人指定的地点。

3）若工作开展需要办理附加安全许可，可由工作负责人通知值班主线计划工程师协调消防保卫、工业安全、辐射防护等部门的人员，协助工作负责人进行许可证的准备，相应许可证的审批由许可证管理部门人员负责推进，以便工作负责人专注于维修工作准备。

4）在相关文件需要公司领导签字审批时，可直接联系公司领导，确定审查签字地点和时间。

5）严格执行 30 分钟报告制度，对于超过 30 分钟未能按要求开展的遇阻项目，应及时报告上级协调解决。

3.2.7 WM-FR 完工报告

在工作完成后，工作负责人需要根据实际工作执行情况，编制工作完工报告，完工报告的内容包括工作完成情况描述、缺陷原因、物料使用情况、工作经验反馈等内容，工作完工报告完成后需要经过编、审、批流程，以确保工作准备的质量。工作完工报告审批完成后需要按要求进行归档，工作文件规定遵循如下规则：

1）其中法律、法规和导则要求的必须存档，法规中没有要求的不需存档。

2）电子系统无法反映的记录，如手写或打印的数据记录，需要存档，例如规程执行的记录图表、质量计划、质量缺陷报告、标定单等。电子系统可以反映的数据记录不需存档。

3）未通过公司文档发布的技术文件，需要存档，例如 1 外部单位提供的图纸、临时手写或打印的工作文件、自绘的机加工图纸。

4）执行过程中有影响最终工作质量的修改，指对于影响规程执行的重大错误的修改，如步骤内容错误或逻辑顺序错误导致程序无法执行、验收标准不明确无法判断执行结果等，整份文件需要存档。

5）变更类的工作包不单独提交归档，而是关闭后随变更项目一起按变更项目归档。

6）关键、重要维修工作的工作包需要归档，一般维修的工作包有纸质数据记录的需要归档，无纸质数据记录的不归档。

3.3　设备管理

设备管理包含了核电厂设备基础信息管理、性能监测和设备维修策略等内容，核电厂设备管理是以设备信息为基础，以设备可靠性为中心，以性能监测、故障诊断、预防性维修、新技术应用为手段，通过全员参与、专人负责，对设备进行全过程、全寿期、全范围管理，不断优化完善设备维修策略。

随着核电厂精细化管理提升，设备管理已经不是狭义上对逻辑设备的管理，而是广义上的对象管理，核电厂一般称之为 SSCs 管理，主要包括构筑物（Structure）、系统（System）和部件（Component），还扩展到物理设备和物料清单（BOM）等。

本业务领域包含 3 个流程、15 个子流程（见表 3-8）。

表 3-8　核电设备管理领域、流程和子流程关系表

领域	流程	流程编号	子流程	子流程编号
设备管理	设备基础信息管理	EQ-BI	设备基础信息管理	EQ-BI-01
			设备分级管理	EQ-BI-02
			关键敏感设备管理	EQ-BI-03
			备品备件管理	EQ-BI-04
			设备编码管理	EQ-BI-05
			定值管理	EQ-BI-06
			设备标牌管理	EQ-BI-07
	性能监测	EQ-RT	定期试验管理	EQ-RT-01
			系统监督与健康评价	EQ-RT-02
			设备性能监测管理	EQ-RT-03
			技术监督管理	EQ-RT-04
			设备寿期管理	EQ-RT-05
	设备维修策略	EQ-MR	设备缺陷管理	EQ-MR-01
			预防性维修管理	EQ-MR-02
			设备修前/修后状态管理	EQ-MR-03

3. 3. 1 EQ-BI 设备基础信息管理

设备基础信息是生产管理的重要信息，应在生产管理系统中进行管理。设备管理归口部门应指定设备基础信息管理员，生产管理系统中设备基础信息的修改由指定的设备基础信息管理员进行修改。设备基础信息建立的前提是生产管理系统逻辑设备中已有该设备的编码。设备基础信息包括设备名称、设备分级、核安全等级、抗震等级、质保等级、环境等级、安装位置、型号/物料编码，除设备分级外，这些信息的修改，必须通过设备信息修改流程。设备基础信息的修改申请在生产管理系统中提出，批准后由设备信息管理员在生产管理系统的逻辑设备信息中进行修改。

设备基础信息具有唯一性和权威性，电厂相关技术文件（图纸、规程、手册等）标识标牌、软件程序等中的设备基础信息应与生产管理系统中的信息保持一致。当生产管理系统中的设备基础信息发生修改后，需及时将修改反馈到所影响的技术文件（图纸、规程、手册等）、工单工作票、标牌标识、软件程序等中。各生产相关部门发现生产管理系统逻辑设备基础信息与现场、图纸等相关文件不一致，需要修改或补充设备基础信息，则填写设备基础信息修改申请，明确生产管理系统逻辑设备基础信息字段的名称及具体基础信息修改前后的差异，并说明修改的原因，提交设备管理责任部门。设备基础信息修改申请得到批准后，设备管理责任部门的设备信息管理员进入生产管理系统进行信息修改，修改完成后通知设备工程师进行检查和确认，设备工程师确认合格后才能关闭修改申请。

设备工程师在进行设备基础信息收集过程中确认是否需要修改对应的物料清单，确认内容包括物料清单的正确性和完整性，一旦发现物料清单存在不足，需及时在生产管理系统中更新物料清单。对于设备分级字段的修改必须遵照相关制度的要求进行，设备工程师不得直接通过本程序修改设备分级结果。设备基础信息修改涉及 SPV 设备数量变化时，必须提前修改 SPV 设备清单。对于由于设备变更导致设备清单和物料清单修改的，由变更责任工程师提交设备基础信息修改申请。在因变更导致某物料清单需要修改时，变更责任工程师应组织评估电厂所有现场同一制造商的同一图号设备所采用的物料清单是否完全一致，如果存在不完全一致情况时，必须对该物料清单进行升版，升版完成后在变更范围内设备的物料清单中关联相应的版本号。

（1）EQ-BI-01 设备基础信息管理

设备基础信息指描述设备最基本的信息。这些信息随着设备设计、采购和安装到现场功能位置后就不再变动。设备基础信息主要包括电厂、机组、系统、设备编码（功能位置码）、设备名称、设备类型、型号规格、制造商、安全等级、抗震等级、质保等级、环境等级、设备位置、标高、备件、设计文件等。

设备信息管理重要手段是通过数据库和应用软件处理设备信息并用于电厂生产和管理活动。核电厂的设备基础数据以生产管理系统为平台。设备管理责任部门要确保数据库中设备信息数据的正确性及有效性。建立生产管理系统中设备信息修改的管控流程，设备信息修改必须经过适当级别的审批并提供相关支持材料。设备变更、材料替代活动中，要及时更新设备信息。

（2）EQ-BI-02 设备分级管理

设备分级是设备可靠性提升和建立系统设备性能准则的条件。通过设备关键度分级，设备分为关键设备（包括 CC1、CC2）、重要设备（NC）和一般设备（RTM）。在实施设备分级管理的过程中，以设备关键度为顺序，逐步加强和规范各级设备的管理工作。鉴于关键设备（CC）对电厂安全稳定运行的重要性，对关键设备的状态监测、预防性维修、文件控制、质量控制、备件管理、变更管理、设备监造等环节进行重点管理。对关键敏感设备（SPV）开展缓解策略分析和加强日常管理，强化“故障零容忍”的理念，提高关键敏感设备（SPV）的“可见性、优先性、严格性”。原则上，设备关键度的分级是综合考虑了对电厂核安全、机组可用率、放射性控制以及风险重要程度等因素后，进行识别分类，同时兼顾设备的采购价值以及设备失效后导致的维修、运行成本增加。在设备关键度的识别过程中，必须考虑设备失效可能性的高低，原则上不考虑可能性很低的失效情况。

设备关键度分级、工作环境分级和工作频度分级的结果可以直接应用于采用以可靠性为中心维修（RCM）的方法开发和优化预防性维修大纲的过程中，配合预防性维修模板（PMT），选择合适的预防性维修任务。由于电厂设备的分级原则、方法是基于核安全监管要求和电厂的管理要求加以制定，因此，按照不同的发展时期，分级结果应按相应的周期或规则进行修正，确保其始终是充分考虑了电厂的工程改造实践、内外部经验反馈、新监管政策和管理要求、专项研究成果等要素。

（3）EQ-BI-03 关键敏感设备管理

关键敏感设备是指单个设备故障可导致电站停堆、停机、功率大幅度波动的设备，关键敏感设备作为关键 1 级（CC1）设备管理。

为了便于电厂关键敏感设备管理，需编制关键敏感设备清单。如果电厂已有设备分级报告，则关键敏感设备清单应根据设备分级报告编制，并与设备分级报告保持一致。如果电厂的设备分级尚未最终完成，则应由设备管理责任部门根据关键敏感设备识别条件确定关键敏感设备。

开展关键敏感设备的管理，主要是要强化“关键敏感设备故障零容忍”的理念，其管理手段主要体现在提高关键敏感设备管理的“可见性、优先性、严格性”。针对关键敏感设备，应加强工作组织过程中的风险管控，以减少 SPV 设备的失效风险。关键敏感设备的业务管理要求涉及到技术、运行、维修、工作控制、采购与仓储、大修、经验反馈等领域，相关领域在日常工作中进行落实。

因设备缺陷、计划工作安排等原因，会导致非 S 关键敏感设备在某个特定时段成为临时关键敏感设备。临时关键敏感设备分为计划性临时关键敏感设备和非计划性临时关键敏感设备，计划性临时关键敏感设备由生产计划负责识别，非计划性临时关键敏感设备由运行负责识别。计划安排时应尽可能避免产生临时 SPV 设备。已经产生临时的 SPV 设备需要在计划中提醒运行值和生产相关部门关注，做好风险控制。

（4）EQ-BI-04 备品备件管理

鉴于核电行业的特殊性，为确保核安全和机组安全稳定经济运行，需要根据设备的运行维修情况及经验反馈、经济方面等因素，适当储存一定数量的备品备件，以保证核电机组设备维修和安全生产的需要。备品备件管理是核电机组运行期间的一项重要工作。备件管理其中一项重要工作就是备件清单管理。

备件清单指设备的备件清单。备件清单是设备型号、逻辑设备、备件物资之间的桥梁和纽带。备件清单管理的主要工作内容是维护设备型号的备件信息关联，包括物料编码、装机量、备件定额策略、工器具等相关信息。考虑到变更等情况，实施版本管理。备件清单是物资信息在现场生产设备关联的最完整信息单元、是某一备件在电厂具体使用情况的直接反映。

（5）EQ-BI-05 设备编码管理

设备编码是逻辑设备编码的简称，又名设备功能位置编码、设备 TAG，是现场设备的唯一标识代码。一般由电厂码、机组码、系统码、设备编码、设备类型码、部件编码、部件类型码 7 个编码段组成。设备编码管理主要工作有制定设备编码原则、设备编码新增和作废等。应建立设备编码管理的电子化流程，在生产管理系统中进行管理。设备编码规则依据设计规定的编码规则，根据设计文件提供的设备功能标识直接转换而成。对于设计规定的编码规则不能覆盖的设备，应参照设计规定制定编码规则，编码规则应和设计文件中的设备编码规则保持一致。对于子设备的编码，建议采用主设备编码加部件编码的方式编码。

设备编码具有唯一性和权威性，相关工作文件/图纸、现场标牌、各类软件中的设备编码和名称等信息应与生产管理系统中设备信息保持一致。生产管理系统中的设备编码不允许修改。不需要的设备编码，作废处理。作废设备编码前，应确认有效在用的工作文件/图纸、预防性维修项目、工单等已不再使用该设备编码。

设备编码规则依据设计规定的编码规则，如根据设计文件提供的设备功能标识直接转换而成。一般由电厂码、机组码、系统码、设备编码、4 个编码段组成。而在生产流程管理系统中还包括部件编码、设备类型码、部件类型码 3 个编码段，或者由其中的几段组成。如果设计规定的编码规则不能覆盖所有设备，则需要以设计规定的编码规则为依据，制定本电厂的编码规则。对于子设备的编码，采用主设备编码加部件编码的规则。

（6）EQ-BI-06 定值管理

定值是指在机组运行过程中，报警、连锁及保护定值，控制参数和函数等参数定值。与电厂安全、可靠运行相关的警告或报警整定值、联锁或允许整定值、延时整定值、保护功能整定值，释放阀或安全阀起跳或回座压力整定值，必须纳入定值管理。应建立定值手册或定值数据库，建立定值管理流程，对定值进行管理，确保现场实际定值、定值手册和定值数据库一致。除了那些已有文件规定需要进行周期性调整的定值外，任何涉及现场定值的修改，都必须通过变更流程实施。定值计算和校核过程中必须综合标准要求、设计数据、现场实际状态，从保守决策上考虑机组核安全和性能、系统安全和性能、设备安全和性能的要求。应对定值漂移情况进行监督，如果超差的仪表或仪表通道与安全和发电等重要定值相关，则需分析产生漂移的原因并制定纠正行动。

各电厂建立定值手册或定值数据库，定值手册或定值数据库是电厂生产活动中定值管理的依据。任何涉及定值手册或定值数据库的修改，包括：定值项目的增加、减少和内容修改都必须通过变更（LS）流程实施。定值计算过程中必须保持高度的责任心，必须综合标准要求、设计数据、现场实际状态，从保守决策上考虑机组核安全和性能、系统安全和性能、设备安全和性能的要求。

有效的定值管理是一项系统工程，涉及的专业多、接口多，也涉及各种各样的生产活动，因此，负责定值管理的人员（系统工程师或设备工程师），需要具备以下的知识和技能：掌握电厂定值的整体结构、范围、基准和管理要求；了解技术规格书、运行限值和监督的要求；了解应急运行规程及其定值的要求；了解定值的算法；熟悉和了解应用行业经验反馈不断优化定值管理的方法；熟知相关人员在电厂定值管理中的职责和任务；接受过电气、电子、仪控或机械等专业的正规教育，且具有运行、维修等领域的专业工作经验；具备整定值文件管理的知识和技能，确保这些文件及时、准确、有效、一致；具备定值管理相关活动的监管能力；具备与定值管理相关的外部经验反馈信息的准备和评价能力；具备识别不足、提出改进、监督纠正行动实施的能力。接受过统计学、定值管理、不确定度分析等方面的专业培训对开展工作更有帮助。定值管理责任人及其替代人应接受全面的培训以确保能够满足独立实施定值管理工作的要求。

（7）EQ-BI-07 设备标牌管理

设备标识是逻辑设备的专用标识，以正确辨认和指示设备。通过数字、符号、文字、图案的方法来正确辨识和指示设备，可通过喷刷、铭牌、标牌（标签）方式对设备进行标识。生产现场设备标识完整、规范，为现场生产活动提供清晰明确的标识信息，可以最大程度避免走错间隔，防止误操作，降低机组运行风险。生产活动涉及到的设备均需有清晰、规范、唯一的标识。辐射控制区内比如反应堆厂房内标牌选材需考虑感生放射性影响。安全壳内标牌选材需考虑事故工况下对安全壳完整性或核安全功能影响，且为避免高温水与铝材质的剧烈反应，铝材质标牌不得用于反应堆厂房。工艺系统管道标识应标明介质性质、流向及相关信息。标色的涂料及粘贴物应与管材相容，不锈钢管、镀锌钢管和有色金属管道可不刷涂料，反应堆厂房内的工艺系统管道不能采用粘贴物。

设备标牌应装设在设备本体或设备醒目的位置，清楚指向该设备，便于查找和辨识。设备标牌应固定牢靠不易移动，标牌装设不得影响对该设备的操作。大型设备可在其表面采用喷漆的方式对设备进行标识。

1）现场所有设备均需有清晰、规范、唯一的标识；

2）设备标识标牌的规范应尽量统一，尤其是同类型的设备；

3）残缺破损、内容模糊或不可辨识的标识应申报缺陷，及时更换；

4）设备标识因检修、在役检查或防腐处理等原因要求临时去除时，由工作负责人保管，检修工作完成后应恢复完好，厂房管理部门负责确认。标识/标牌的恢复作为终结工作票的前提条件之一；

5）发现现场设备没有标牌，在没有得到相关设备管理部门人员确认许可前，不允许工作负责人开工；

6）辐射控制区内比如反应堆厂房内标牌选材需考虑感生放射性影响；

7）安全壳内标牌选材需考虑事故工况下对安全壳完整性或核安全功能影响，且为避免高温水与铝材质的剧烈反应，铝材质标牌不得用于反应堆厂房；

8）运行、检修人员在日常的巡检活动中应关注设备标识标牌的状况，发现松脱和跌落的标牌应及时恢复并紧固，以免丢失；

9）设备标识管理涉及部门职责划分，各部门应根据分工，对现场标识标牌情况进行检查，保证所负责系统设备、构筑物标识标牌的准确性和完整性。对于存在争议的标识管理问题，由技术处牵头协调解决；

10）因技术路线和历史原因，各个生产单元的标识管理个性化差异比较大，本程序只是规定总体管理要求，各生产单元可以针对各自的特点参照执行。

3.3.2 EQ-RT 性能监测

设备性能监测是通过对表征设备状态的各种参数和状态进行检查和趋势分析，包括实时设备性能监测、月度设备状态评价、设备定期监督。

（1）EQ-RT-01 定期试验管理

定期试验是检验系统、设备潜在设计功能的一项生产活动。只有进行试验并且试验结果合格才能确信在后一个监督频度内的设计功能是可信的。定期试验不合格或未在裕度范围内完成试验必须判定相应的系统、设备不可用。试验结果的判定应从试验方法、试验设备和试验结果三个方面，三者缺一不可，评价结果分为“合格”“合格有缺陷”和“不合格”三种情况：

1）“合格”是指试验方法、试验设备和试验结果都满足验收准则。

2）“合格有缺陷”是指在试验过程中发现设备缺陷，若试验方法、试验设备合格，试验结果能够满足验收准则，则可判定为“合格有缺陷”。

3）“不合格”是指试验方法、试验设备和试验结果中任何一项不能满足验收准则。

安全相关 SSCs 要编制定期试验监督大纲，规定安全相关 SSCs 定期试验的监督要求。安全相关定期试验监督大纲的要求必须和运行技术规格书保持一致。安全相关定期试验监督大纲是核安全管理部门对安全相关定期试验开展监督的依据。

（2）EQ-RT-02 系统监督与健康评价

系统监督是对与系统性能有关的数据进行连续的收集、评价和趋势分析的过程，目的是评价系统的健康状态并在系统设备失效前识别出性能的降级。用于评价系统健康的数据包括直接参数和间接参数。

根据系统的关键重要程度筛选进行系统监督与健康评价的系统清单，应包含以下系统：

1）安全相关系统。

2）发电相关系统。

3）各生产单元管理层决定的其他系统或设备（经验反馈，长期遗留问题，管理层建议，等等）。

4）不包括以下系统：系统对机组的性能没有直接贡献，或系统具有很高的可靠性，或系统很简单、设备很少。

（3）EQ-RT-03 设备性能监测管理

设备性能监测的目的是对关键、重要设备的性能进行监测，及早发现设备隐患；对系统监督提供支持；对状态维修（CBM）提供支持。设备性能监测是对设备的运行状态进行跟踪和评价，并不能直接替代预防性维修大纲中与设备性能监测相关的项目。

设备工程师收集全部需要的数据后，需要对各关键参数和非关键参数进行趋势综合分析，结合设备的实际运行状态评估设备的可靠性和可用性，同时验证设备性能监测方案的有效性和适用性。通过对状态维修数据、运行试验、工单缺陷、修前修后数据等综合分析和评估，每个月对“线上”的设备状态进行一次评价，每一个运行周期编写一次设备监督报告。

对于设备监测参数的评价不仅需要考虑预警值、报警值，还需要考虑定量参数的变化趋势。对于设备性能监测参数存在报警的，设备工程师应及时作出响应，评价该报警对设备性能状态的影响程度和后续需要采取的纠正行动计划；对于设备的参数虽然没有报警，但变化趋势较明显的情况，也要进行进一步调查和评价。

设备工程师利用设备性能监测收集的设备状态信息，综合分析评价设备在监督期内的运行情况及管理措施的有效性，提出设备的后续处理建议，包括继续运行、加强监督、发出工单处理、增加大修项目、提出变更改造建议及发出状态报告等。

具体采取如下三种方法：

1）实时设备性能监测。

2）“线上”监测的设备实行月度设备运行状态评价。

3）定期设备监督。

（4）EQ-RT-04 技术监督管理

技术监督工作是保证电厂安全、稳定、经济发电的重要环节，也是促进技术进步的重要措施。开展技术监督工作可以使设备在预期的时间内保持良好的状态和安全运行，防止发电事故的发生，防患于未然，提高电力设备的可靠性、经济性，确保电厂安全、稳定、经济运行。

技术监督工作应贯彻“安全第一、预防为主”的方针，依据国家、行业、公司颁发的有关技术监督的各项标准、导则、条例、反措和规章制度等文件，从运行、检修和技术改造等环节中及时发现并消除设备缺陷，提高运行可靠性，确保机组安全、稳定、经济运行。

技术监督工作实行三级管理原则。技术主管领导领导下的技术监督管理领导组是技术监督网的第一级，技术监督工作组为技术监督网的第二级，各技术监督专业组为技术监督网的第三级。所有上级部门下发的涉及技术监督文件经公司主管领导批准后，由设备可靠性处转发相关专业执行并跟踪工作的进展情况。各专业组编制技术监督年度总结、计划报表及相关报告，并发送设备可靠性管理归口部门。

（5）EQ-RT-05 设备寿期管理

设备寿期管理是指核电厂对主要系统/设备在工作寿命内保证安全发电、使经济性最优的工作管理流程。

设备寿期管理通过对核电厂安全性、可靠性以及经济性有重要意义的系统和设备进行技术、寿命、全寿期内的运维成本分析，从而：

1）避免没有做好工作寿命管理，使系统设备处于寿命末期运行而影响机组的安全性和可靠性（如：同一个系统/设备因为老化造成一年内 2 次非停，或连续 2 年造成非停，或三年内造成 2 次非停）；或备件/服务供应不及时而造成长时间停堆（包括大修延期在内，超过 5 个满功率日的发电损失）；或造成短期财务预算冲击。

2）制定全寿期成本最优化的运维方案；焦点并非寻求发现现有的预维大纲、役检大纲、定期试验大纲等技术管理的不足，而是成本最优化。

3. 3. 3 EQ-MR 设备维修策略

维修是核电厂重要的安全相关活动，在核电厂运行过程中，必须保证维修活动的可靠性和有效性，使核电厂构筑物、系统和设备在各种运行工况、设计基准事故工况，以及选定的超设计基准事故工况下，能够有效地执行预定的安全功能，保证核电厂运行安全。设备维修策略管理内容包括设备缺陷管理、预防性维修管理以及修前修后状态管理。

（1）EQ-MR-01 设备缺陷管理

考虑到对电厂安全运行及对设备实现其特定设计功能影响程度的不同，将设备缺陷划分为故障（CM）和小缺陷（DM）二种等级，缺陷分级管理的目的是制定出设备纠正性维修工作的优先级。

在设备的缺陷管理和维修计划安排上，应结合设备关键度的分级结果以及对缺陷状态和变化趋势分析的基础上，对可能导致电厂核安全降级或触发停机停堆的直接或潜在因素进行风险评估和控制，以便选择合适的维修时机，确保电厂核安全降级或停堆停机的潜在风险降至最低并可接受。

设备缺陷原因可分为下列五大类：

1）设计缺陷，由于原始设计或设计修改时，对材料选择、设备选型、现场情况等考虑不足，造成设备失效率明显高于预期。

2）设备或部件质量问题，包括制造使用的规范错误、制造时使用的材料不合适、制造/安装不当造成的质量缺陷、出厂试验/验收不全面、运输、贮存不当造成的质量问题等。

3）设备管理方面问题，系统、设备监督不足，预防性维修不足。

4）维修实施方面的问题，包括维修规程缺陷、维修人员未遵守程序、人因失误（包括知识型、规则型和技能型三种失误模式）等造成的维修质量问题。

5）设备运行不当：指系统设备的在线状态不符合要求或设备运行超出其设计规范。

（2）EQ-MR-02 预防性维修管理

预防性维修（PM）是针对 SSCs 开展的防止和缓解性能劣化或故障，或对设备的性能与状态进行监测、检查及跟踪，以保持或延长设备使用寿命的维修活动。预防性维修又细分为周期性维修、预测性维修及策略性维修三种。在国际国内的实践中，一般来说电厂投产初期，因为缺乏设备运行经验，对设备状态了解不足，建议设备预防性维修策略以周期性维修为主，随着设备可靠性工作的开展和基础数据的积累，再逐步将预防性维修策略过渡到预测性维修为主。

1）周期性维修也称为基于时间的维修，即需对设备定期进行全面维修，传统上的预防性维修多用此种方式，相对来说比较保守，发生过度维修的可能性较大，但是方便预维计划控制，设备失修的风险较小。

2）预测性维修也称为基于状态的维修，即不安排设备定期进行全面维修，而是采用对设备的状态进行监测、定期评估，而合理安排设备的维修时机。相对来说采用预测性维修更科学合理，但是存在设备失修的风险，因此确定采用预测性维修方式时，必须仔细分析设备的故障模式和监测手段，确认不会有周期性的故障模式导致必须定期全面维修，确认有足够多的手段来监测设备的状态和发现故障征兆。并且采用预测性维修方式，必须严格执行设备性能监测、趋势分析和监督工作。

3）策略性维修是指依据预测性维修的结论，在设备故障发生之前，有计划地进行设备翻新或更换，从而防止设备的失效。如以监测到的压差为依据对过滤器滤芯更换、清洗、反冲洗等工作，即是属于这种策略性维修，而不是为消除设备故障的纠正性维修。

首先根据设备的结构、部件材料、工作环境等基本信息，分析设备和部件的故障模式，针对各故障模式制定预防性维修任务。

在开发预防性维修任务和确定其执行周期时，必须认真考虑“度”的问题，并不是越多的预防性维修任务和越短的执行周期就是越好的。过多和过于频繁的预维工作首先从经济上是不合算的，同时也降低了设备的可用性，并且因为维修过程中的不确定性也大大增加设备降级和故障的风险。在确定预防性维修项目周期时应考虑预防性维修项目实施是否会增加临时关键敏感设备，有此类风险的项目周期原则上应为大修周期的倍数，以便安排在大修期间实施。

（3）EQ-MR-03 设备修前/修后状态管理

修前状态（As Found）是在对设备进行检修、操作、调整前或状态监测时设备所呈现的状态，包括设备的外观、泄漏情况、内外部锈蚀情况、内外部尺寸等状态。修前状态亦包括在打开设备外盖、人孔、或移除部分部件后所呈现的内部状态。

修后状态（As Left）是在对设备进行检修、操作、调整后所测到的设备状态参数。

设备修前/修后状态记录包括三部分组成，标准化的“设备修前状态反馈表”；个性化的设备修前/修后状态参数记录，即设备相关维修规程中的维修记录表；设备故障模式和原因分析评价（FMEA）。

3.4 配置管理

配置管理是针对核电厂的构筑物、系统和设备的实体配置状态及其设计要求与相关配置信息保持一致性的管理。其目的是对核电厂实体配置、设计以及电厂配置信息的控制提供一种规范方法，确保电厂在运行、维护、变更过程中保持其实体配置、设计基准和电厂配置信息协调一致，确保电厂的实体配置与设计基准、执照基准信息、管理要求及许可要求协调一致。

本业务领域包含 3 个流程、6 个子流程（见表 3-9）。

表 3-9 核电配置管理领域、流程和子流程关系表

领域	流程	流程编码	子流程	子流程编码
配置管理 CM	工程变更	CM-EC	变更申请管理	CM-EC-01
			临时变更管理	CM-EC-02
			永久变更	CM-EC-03
	物项替代	CM-IE	物项替代	CM-IE-01
	技术文件	CM-DM	技术文件管理	CM-DM-01
			记录文件	CM-DM-02

3.4.1 CM-EC 工程变更

变更按配置变更后存在时间分为永久变更、临时变更。核电厂应规范永久变更流程，加强对电厂生产工艺相关的构筑物、系统、设备或部件及材料上改变原设计功能的技术修改，或对其运行限值和条件所进行的修改的全过程的管理和有效控制，同时也应规范运行机组与生产工艺有关的系统、设备、部件、材料等方面进行的临时性改变。

（1）CM-EC-01 变更申请管理

在核电厂的运行过程中，可能会由于运行经验反馈，定期安全审查结论，监管要求，科学技术的进步等原因需要进行变更。为保证对运行限值和条件的遵守，保证对适用的法规和标准的遵守，每一项变更实施前都应进行客观准确的评价。因此变更实施前首先要提出变更申请，对变更范围，安全性影响和后果进行有效审查。

变更申请是对某个生产工艺系统、设备/部件/材料、生产相关厂房、构筑物等方面的改变的建议，并明确描述了该建议提出的实际技术问题，以及相关的背景材料、初步技术方案作为附件，供技术分析讨论和确认。在变更申请中将说明变更原因、变更范围、初步技术方案，变更的可行性、必要性、安全性及经济性等相关信息。

核电厂内任何人都可提出变更申请，由专业工程师进一步评估变更申请。审查中将按照现场工作的紧急程度对永久变更申请的优先级进行划分，一般来说，直接影响机组安全稳定运行的项目为最高优先级，最高优先级项目之外与核安全、辐射安全、机组缺陷等直接相关的项目为第二优先级，为设计优化、提高运行维修便利性等相关的项目为第三优先级。

涉及可导致电厂停堆、停机、功率大幅度波动的关键敏感设备（SPV）的变更须在申请材料中进行详细描述，审查人员也将严格审查是否增加了新的 SPV 设备，并且原则上应尽量避免新增 SPV 设备。

（2）CM-EC-02 临时变更管理

临时变更是指因现场处理直接影响机组安全稳定运行的缺陷或计划检修需要，对电厂生产工艺直接有关的系统和设备、部件、材料等方面所进行的实体或功能上的偏离原设计的临时性改变。临时变更可作为应急措施，用于处理电厂紧急问题，但电厂紧急问题应优先选择改变运行方式或寻求其他方案解决。处理紧急问题的临时变更申请审批必须按照电厂制定的管理流程进行风险分析和技术审查，获得批准后才可实施。

临时变更申请应尽可能详细、准确地说明申请原因、实施/拆除时间要求，临时变更方案的设计不应降低原设计的标准，方案应考虑变更对系统功能、机组状态、运行负担、消防等方面的影响和风险控制。因定期/临时试验、检修检查、特殊运行方式等情况需要而配套执行的临时性措施，如果这些临时性措施的实施和恢复已经包含在相应执行文件的执行步骤中，且该执行文件已按有关管理程序办理了审批手续，则可以不重复办理临时变更申请。此外，临时变更用途发生变更时，应拆除原有的临时变更，重新提出新的临时变更申请。

临时变更使用期限不应超过机组一个燃料循环，延期申请必须按照电厂相应的审批流程批准。临时变更实施后电厂应组织编写临时运行操作规程（或临时运行指令）、临时运行图纸等临时性运行文件，及时关联受临时变更影响的运行生产技术文件。临时变更的现场安装/拆除活动也必须得到有效控制，以便运行人员能够随时获知机组的临时变更信息。此外，变更管理部门应定期对机组存在的临时变更进行审查，审查现场临时变更存在的合理性和必要性。当已实施的临时变更需要在现场永久保留，且无需修改时，可申请将临时变更转为永久变更。

（3）CM-EC-03 永久变更

永久变更是为维持或强化现行安全措施，排除电厂故障，改进电厂的热性能或提高额定功率，增强电厂的可维修性，减少人员辐射受照剂量或降低电厂的维修成本，延长电厂的设计寿期或改进环保性能等目的，而改变或优化其原有设计并按要求实施的活动。包括对构筑物、系统和设备、系统逻辑、工业计算软件及设定值的永久性修改。永久变更按其重要程度及规模大小分为一般变更、重大变更和特大变更三个层级。

依据配置管理的一致性原则，电厂设计基准、设计文件、生产技术文件、实体配置应保持一致。因此永久变更项目应不与原有设计基准相矛盾，永久变更完成后应及时对图纸、程序、数据库进行修改生效，并通过培训使相关岗位人员掌握已改变的配置和操作要求。

永久变更实施前应充分分析永久变更的影响范围，将永久变更带来的负面影响和风险控制在可接受的范围内。相关永久变更都不得降低执行全部安全功能的能力，必须考虑安全和加强安全，不得降低原有安全水平。永久变更必须保证电厂最终安全分析报告和适用的法规和标准的要求得到满足，不满足法规和标准要求的修改不得实施。并且系统设备上的技术问题，尽可能考虑通过正常的运行和维修手段，而不是通过执行永久变更来达到相同目的。涉及新增系统和设备的变更需评估是否增加了新的关键敏感设备（SPV）设备，原则上应尽量避免新增 SPV 设备。

对于影响到颁发运行许可证依据的安全重要构筑物、系统和部件，并直接影响系统安全运行的永久变更，以及涉及原先由国家核安全监管部门批准的执照文件的修改，必须在实施前报国家核安全监管部门审查并获批准。如果安全监管部门有要求，则所要求的任何项目也必须在实施前报批。

永久变更实施后，电厂需根据影响文件图纸清单和已经标识好文件图纸组织完成正式修改。待投用检查完成、所有受影响的文件已修改完成后还必须对永久变更的结果进行评价，确认永久变更已经按照预期要求完成。其中上报国家核安全监管部门批准的永久变更项目的评价报告要求在实施完成后及时上报。

3.4.2 CM-IE 物项替代

物项替代是指是在保证不降低系统和设备的原有设计功能和安全水平的前提下，用与原物项不完全相同的物项替代原物项的活动。随着机组运行时间的积累，核电厂某些设备、部件、零件或材料，由于技术更新、原厂物项升级、原厂物项断供等原因，需要寻求替代物项对原物项进行替代。

核电厂中物项替代仅应用于设备级或更低一级的变更，并且替代物项必须与原始物项进行充分的技术比对和论证，以证明两者的等效性。同时替代物项所涉及的设备零部件和材料，应保证不降低系统和设备原有的安全水平，不改变系统和设备原有的设计功能。物项替代的首次实施的对象，应尽量选取故障后果相对较小，运行条件相对苛刻的设备。对于重要物项替代的首次使用，原则上应在可以实施隔离的系统上，可以进行维修的环境下进行。

物项替代实施中对于通用设备在满足多样性要求的前提下应尽可能采用标准化系列化的产品，尽可能用一个产品系列替代，多个产品系列尽可能用一个厂家的产品替代多个厂家的产品，从而减少备件的种类和库存的数量，方便备件管理。并且应在保证技术合理性和系统安全性的基础上兼顾考虑物项替代的经济性。

物项替代首次实施并投运后一段时间后，电厂需组织相关责任部门对替代物项的使用情况进行评价。对于经过国家核安全监管部门评审的物项替代，电厂需要在物项替代实施完成后及时编制评价报告并上报。此外，物项替代会引起设备和备件数据的修改，也可能会引起生产技术文件的修改。专业工程师需在论证时加以评估，在替代物项到货后立即启动相关数据和文件的修改流程，确保文件、数据与实物的一致。

3.4.3 CM-DM 技术文件

核电厂应建立生产技术文件体系，规定生产技术文件体系的分层、分类、分级管理原则，建立生产技术文件总体管理和编制规则，明确生产技术文件体系建设的组织方式、管理流程、有效性控制要求，实现生产技术文件的体系规范化和标准化。同时也应规范建设、生产、经营和管理活动的记录要求。

（1）CM-DM-01 技术文件管理

技术文件包括工程技术文件、生产技术文件两大类，是对技术活动进行规范，或对技术活动开展提供支持、指导的文件，其内容主要为工作范围、工作步序、注意事项等，与管理文件相对存在。技术文件上游还有核电相关法律、核安全法规、核电相关国家/行业技术标准等外部文件，一般称为技术上游文件，是技术文件的参考或依据。

工程技术文件是电厂设计及建造期间产生的所有技术文件，是编制电厂生产技术文件所需的主要参考和依据文件。这部分文件数量庞大，为保证工程技术文件的完整性，机组设计、安装、调试等建设期间构筑物、系统和设备（SSCs）实体发生修改时，与 SSCs 相关的设计与制造文件仍然严格遵守电厂建造期间的文件设计与编码规则。工程技术文件在使用中发现与现场局部不符或错误时，应及时进行修改。后续运行阶段将相应的变动修订到生产技术文件中。

生产技术文件是为满足指导电厂安全可靠运行和退役的所有技术活动而由电厂营运者编写的技术文件及信息数据，包括许可证文件，技术大纲及导则，图册，技术手册/技术规范，技术规程，技术活动记录/结果报告等。

1）许可证文件是为允许进行有关核电厂厂址选择、建造、调试、运行和退役等特定活动，由国家核安全监管部门颁发的书面批准文件；

2）技术大纲及技术导则是指对各个技术领域拟采取的技术路线、技术方法及总的技术要求进行描述的文件；

3）图册包括电厂为满足生产需要根据现场 SSCs 特点或技术工作的特点而编制的图册，以及是根据工程技术文件中的图册经加工和转化后的图册；

4）技术手册/技术规范是对 SSCs 的技术特性、参数、定值或计算与技术分析结果的汇总描述；

5）技术规程是描述电厂生产活动的技术要求、方法和操作步骤的文件；

6）技术活动记录是提供物项质量和影响质量的活动的客观证据的文件；

7）技术活动结果报告是对技术活动过程与结果进行总结分析，给出反映技术活动效果或 SSCs 现状的客观性能、技术参数或定性的技术描述。

这些生产技术文件包含严格的上下游技术文件的逻辑关系，在修订和升版时需要同步进行，以确保许可证文件及大纲级文件的要求被严格落实。生产技术文件间的逻辑关系如下：

许可证文件→技术大纲（导则）、图册、技术手册/技术规范→技术规程→技术活动记录与报告

（2）CM-DM-02 记录文件

记录文件是为核电厂各种物项（或服务）的质量和影响质量的活动提供客观证据的文件。指在核电厂运营期间产生的与建设、生产、经营和管理活动直接相关的记录，这些记录一般来自运行、维修、燃料操作、技术、化学、辐射防护、核安全管理及其他与核电厂生产运行有关的工作中，也包括经营管理活动中产生的计划、报告、信函、会议纪要、商务合同和财会文件等记录。这些记录记载了核电机组生产和经营管理的实际工作状态和结果，是各项工作的真实反映。

记录文件的管理须遵守国家核安全法规的要求，遵守在系统、构筑物和设备（SSCs）的设计、建造和运行中所使用的公认的有关规范、标准和技术条件的要求。记录文件责任部门负责建立文件记录清单，并定期维护和更新。为便于记录的标识和检索，每一份独立存在的记录都应有一个唯一的编码。并且记录文件的编码应符合公司文件编码管理程序规定。

根据核安全法规及档案管理相关要求，记录存档保存期限分为永久和定期两种期限。永久记录指在电厂整个寿期内都具有保存价值的记录。定期记录又称非永久记录，指反映一般工作活动，在一定时间内对本企业各项工作有参考利用价值的记录。定期记录的保管年限根据其参考利用价值分为 30 年和 10 年。通常把“结果”性质的记录划为永久记录，将“过程”性质的记录划为定期记录；当“结果”的解释依赖于“过程”本身时，两者都划为永久记录。

3.5　安全质量与防护

安全质量与防护包含了核电厂核安全管理、辐射防护管理、放废管理、工业安全管理、消防管理、保卫管理、质量保证和安全分析，通过监督、检查、评价和分析等多种措施和方法，来保证核电厂的人员安全、环境安全和设备安全，满足核安全相关法律、法规和导则要求。

核电厂所有活动中，坚持“安全第一，预防为主”的指导思想，始终给予核安全最优先的考虑；树立“1”个理念：秉承三色文化，做一名有高度责任心的核电工作者，一次把事情做好；确保四个“0”：安全生产零事故、安全隐患零容忍、弄虚作假零容忍、违章操

作零容忍。

本业务领域包含 9 个流程、40 个子流程（见表 3-10）。

表 3-10　核电安全质量与防护领域流程和子流程关系表

领域	流程	流程编号	子流程	子流程编号
安全质量与防护 SP	核安全	SP-NS	核设施安全许可证管理	SP-NS-01
			核安全相关报告管理	SP-NS-02
			核安全监督管理	SP-NS-03
	辐射防护	SP-RP	辐射控制区管理	SP-RP-01
			核清洁管理	SP-RP-02
			辐射防护最优化管理	SP-RP-03
			个人剂量管理	SP-RP-04
			辐射工作人员授权	SP-RP-05
			防护用品管理	SP-RP-06
	放废管理	SP-WM	放射性废物分类	SP-WM-01
			放射性废物处理与整备	SP-WM-02
			放射性废物贮存	SP-WM-03
			放射性废物最小化	SP-WM-04
	工业安全	SP-IS	安全生产责任制管理	SP-IS-01
			安全隐患排查与治理管理	SP-IS-02
			工业安全监督管理	SP-IS-03
			劳动保护管理	SP-IS-04
			特种设备管理	SP-IS-05
	消防管理	SP-FP	防火控制	SP-FP-01
			消防监督检查	SP-FP-02
			人工消防管理	SP-FP-03
			消防演习管理	SP-FP-04
	保卫管理	SP-SY	厂区出入控制管理	SP-SY-01
			厂区交通安全管理	SP-SY-02
			保卫监督检查管理	SP-SY-03
			要害保卫管理	SP-SY-04
			核材料内部转运保卫管理	SP-SY-05
	质量保证	SP-QA	管理部门审查	SP-QA-01
			质保监查与监督	SP-QA-02
			现场质量控制	SP-QA-03
			质量事故（事件）报告	SP-QA-04
			生产不符合项	SP-QA-05

续表

领域	流程	流程编号	子流程	子流程编号
安全质量与防护 SP	应急准备与响应	SP-EP	应急组织机构与职责管理	SP-EP-01
			应急通知与启动	SP-EP-02
			严重事故应急管理	SP-EP-03
			事故环境后果评价	SP-EP-04
			堆芯损伤评价	SP-EP-05
	安全分析	SP-SR	定期安全审查	SP-SR-01
			概率安全评价	SP-SR-02
			严重事故管理	SP-SR-03
			最终安全分析报告管理	SP-SR-04
			配置风险管理	SP-SR-04

3.5.1 SP-NS 核安全

核安全是指对核设施、核活动、核材料和放射性物质采取必要和充分的监控、保护、预防和缓解等安全措施，防止由于任何技术原因、人为原因或自然灾害造成事故，并最大限度地减少事故情况下的放射性后果，从而保护工作人员、公众和环境免受不当的辐射危害。核安全管理主要包括许可证管理、报告管理和安全监督管理。

核电厂应确保各级机构都能按照 INSAG-4 的原则建立并维持必要的、适当的核安全原则、要求和目标，并将核安全渗透到各级机构及各项与核安全相关的活动中去。在工程建设、调试和生产运行活动中，始终坚持“安全第一，预防为主”的指导思想，秉承公司“严格，严密，精准，高度可靠”的安全理念。

（1）SP-NS-01 核安全许可证管理

核设施建造前，核电成员单位应组织编制相关材料，并向国家核安全监管部门提出建造申请，在取得核设施建造许可证后，方可开始核设施的建造。核设施首次装料前，核电成员单位应组织编制相关材料，并向国家核安全监管部门提出运行申请。在取得核设施运行许可证后，方可开始核设施的首次装料，并按照许可证的规定运行。

核电成员单位如果需修改核设施运行许可证相关的文件，应当报国家核安全监管部门批准或备案。

核设施运行许可证有效期届满需要继续运行的，核电成员单位应在有效期届满前五年，向国家核安全监管部门提出延期申请，对其是否符合核安全标准进行论证、验证，经审查批准后，方可继续运行。

核设施退役前，核电成员单位应组织编制相关材料，并向国家核安全监管部门提出退役申请。

（2）SP-NS-02 报告管理

报告管理主要分建造阶段报告管理和运行阶段报告管理，核电厂应根据核安全法规或上级部门的管理制度及时提交其他的核安全相关报告，如运行月报（定期报告）、运行事件书面报告（不定期报告）等。

核安全管理部门总体组织和协调上述报告的编制和报送工作，各相关部门根据分工协同开展相关报告的编制和报送工作。

（3）SP-NS-03 安全监督管理

核安全管理部门组织和协调其他部门接受国家核安全监管部门实施的外部核安全监督检查，并对各部门涉及机组核安全的活动实施内部监督检查活动。按照核安全法规要求，核安全的监督检查分为日常检查、例行检查、非例行检查以及控制点检查。

核安全监督的方式包括但不限于查询资料（如日志、规程、执行记录、状态报告等）、现场观察（如跟踪现场操作或维修活动、旁听工作会议）、座谈或采访工作人员以及测量等方式。受监督方应尽可能给予各种便利。

根据机组运行状态，核安全监督可以分为运行期间的核安全监督管理和停堆大修期间的核安全监督，也可根据监督内容分为日常监督和专项监督两类。

在进行内部监督时，监督方应在监督过程中充分尊重被监督方，有效沟通，相互信任，通过监督传达并强化核安全法律法规要求、管理期望以及运行限值和条件的规定等。监督方应制止违反核安全法律法规、运行限值和条件或许可证条件的行为，指出核安全隐患，必要时下达停工令并提出整改要求。

核安全监督活动不减轻也不转移被监督方所从事核安全活动应当承担的责任，被监督方应严格执行监督方下达的停工令和整改要求。核安全管理部门负责组织相关部门对国家核安全监管部门在监督检查中发现的问题进行落实，并按要求及时做好落实情况的反馈和问题的关闭工作，实现闭环控制。

3.5.2 SP-RP 辐射防护

辐射防护目标是确保人员个人所受剂量低于确定性效应发生阈值，以防止确定性效应的发生；确保采取所有合理的措施，以把随机性效应的发生概率限制到可合理达到的尽量低的水平。

辐射安全目标是建立并维持针对辐射源的辐射危险（风险）的有效防御，防止人员、公众和环境受到损害，并在万一发生事故的情况下缓解事故辐射后果。

（1）SP-RP-01 辐射控制区管理

按照 GB 18871—2002《电离辐射防护与辐射源安全基本标准》相关规定，电厂实行分区管理，分为控制区、监督区、非限制区，以便于辐射防护管理和职业照射控制。

辐射控制区。对电厂内存在放射性物质和辐射风险且需要和可能需要专门防护手段或安全措施的区域，定为辐射控制区。同时根据辐射风险的不同，把控制区划分为若干个子区，确保在高辐射风险区域的操作与活动受到严格的辐射防护监控，实现个人与集体剂量合理可行尽量低。

监督区：对电厂未被确定为控制区、通常不需要采取专门防护手段和安全措施但要不断检查其职业照射条件的任何区域，定为监督区。核电厂的监督区主要为双围墙以内辐射控制区以外的区域。

非限制区：核电厂的非限制区主要为双围墙以外的厂区范围。

（2）SP-RP-02 核清洁管理

核清洁是指为了保持辐射控制区内的清洁卫生，对工作场地、设备表面进行的清扫、擦拭、冲洗等清洁工作。其范围主要包括：

1）反应堆厂房；

2）核辅助厂房；

3）乏燃料厂房；

4）放射性固体废物库；

5）放射源库。

按照辐射风险、人员活动频繁程度、可达性以及清洁对象安全风险等的不同，以及由此引起的清洁频次和控制方式的不同，核清洁采用三级管理，具体分级原则如表 3-11 所示。

表 3-11　核清洁等级划分

级别	分级原则
一级	人员频繁经过的区域（如热更衣室、走廊、通道、楼梯间、电梯间、2 m 及以下的墙面）
二级	实验类房间，如：水质分析间、离子色谱间等 储存类房间如清洁去污用品间、脏衣收集间、移动式仪表存放间等
三级	1、高辐射风险的区域（如：红区、高辐射区或超高辐射区及剂量率大于 1 mSv/h 的橙区） 2、3 米以上的墙面、集水沟、工艺管道、通风管道、电缆桥架等 3、全封闭区域（如送风竖井） 4、长时间不进人的区域（如通风竖井、电缆竖井）

不同清洁级别的清洁周期如表 3-12 所示。

表 3-12　不同核清洁等级的清洁周期

级别	周期	备注
一级	每天巡检一次，每周清洁至少一遍（工作日）	除按周期定期清洁外，对于该区域 2 m 及以下的墙面、过道、地面随时出现的积水、油污、杂物、腐蚀物等立即清除

续表

级别	周期	备注
二级	每周巡检一次，每月至少清洁一次（工作日）	除按周期定期清洁外，对于随时发现的积水、油污、杂物应清除
三级	根据实际情况或工作申请	按实际情况或批准的工作申请实施清洁

（3）SP-RP-03 辐射防护最优化管理

辐射防护最优化指在考虑了经济和社会因素之后，保证个人受照剂量大小、受照者人数以及受照射的可能性，全部保持在可以合理做到的尽量低的程度。核电厂坚持“谁工作，谁负责”“管业务必须管辐射防护”的原则，开展辐射防护最优化管理，同时强化辐射防护技术支持及监督管理，并遵循下述一般规定：

1）把辐射防护最优化管理结合到各项辐射相关工作活动中。辐射防护最优化管理是整个辐射防护及整个工作管理中的有机组成部分，不可分割，自始至终贯穿于相关工作活动中，要求从事的任何涉及到辐射相关工作活动，更应关注辐射防护最优化管理自身的特点和要求。

2）将培养、灌输和确立“辐射防护最优化观念”及“安全文化”作为辐射防护最优化管理的一项重要的工作。“辐射防护最优化观念”的含义是指辐射防护最优化观念的基本作用是使对辐射照射控制负责的每一个人思想上形成这样一种状态，使他们不断地反问自己，是否已尽力自己能合理做到的一切来减少辐射照射量。

3）明确规定了辐射防护最优化管理的责任。辐射防护最优化管理的核心问题是明确工作职责的问题，必须明确规定 ALARA 管理体系网络中每位领导层、管理层与执行层的责任。

4）涉及辐射工作的人员应全员参与辐射防护最优化的实施和管理，建立和提高辐射防护最优化意识。

（4）SP-RP-04 个人剂量管理

个人剂量监测分为外照射监测和内照射监测两种（见表 3-13）。外照射通过电子个人剂量计（EPD）和热释光剂量计（TLD）进行监测。内照射通过全身计数器（WBC）和生物取样进行监测。

表 3-13　个人剂量监测项目、监测设备和范围

分类	外照射			内照射	
	γ 射线	中子射线	弱贯穿射线	γ 核素	氚
监测设备	热释光剂量计、x、γ 电子剂量计	热释光剂量计、中子电子剂量计	热释光剂量计	全身计数器	液体闪烁计数器
监测方法	在身体指定部位佩戴剂量计			直接测量	尿样测量

EPD 监测仅适用于单次工作的个人剂量的监测。进入辐射控制区、进行射线探伤或放射源操作、放射性物质运输等任何存在辐射风险的工作人员需佩戴 EPD 进行个人剂量监测。存在中子辐射风险的需佩戴具有中子辐射监测功能的 EPD。

TLD 监测适用于一段时间内个人累计外照射剂量的监测，公司 TLD 监测周期不超过 1 个月。除参观人员外，进入辐射控制区、进行射线探伤或放射源操作、放射性物质运输等任何存在辐射风险的工作人员需佩戴 TLD 进行个人剂量监测。存在中子辐射风险的需佩戴具有中子辐射监测功能的 TLD。每个月进行一次 EPD 和 TLD 剂量数据比较分析。使用过程中的严禁行为：

1）用 EPD 测量场所剂量率；

2）非辐射防护人员修改 EPD 报警阈值；

3）使用他人 TLD 或将 TLD 借给他人使用；

4）私自打开 TLD 或撕毁标签；

5）辐射工作期间，不随身佩戴 TLD，人为将其放置在高辐射风险区域；

6）发生个人剂量计损坏、沾污等情况时，没有立即报告辐射防护人员而自行处理。

（5）SP-RP-05 辐射工作人员授权

辐射防护授权指通过对需进入辐射控制区的人员进行辐射防护培训，并对其放射工作适任性、个人受照的历史进行检查，证明该人员具备自我防护及集体防护的基本技能，允许其进入辐射控制区进行相关的作业。

进入核电站辐射控制区的所有人员，包括本公司人员、承包商、外聘协作人员和参观人员，按工作任务和辐射风险分为三类：

1）Ⅰ类人员，即需进入辐射控制区且仅需要承担自身辐射防护安全责任的放射性工作人员；

2）Ⅱ类人员，即需进入辐射控制区需承担工作期间自身和工作组成员辐射安全责任的放射性工作人员；

3）Ⅲ类人员，即进入辐射控制区，不从事作业且需要具有辐射授权的人员（RP2 授权人员）全程陪同的人员：这些人员包括参观人员、考察人员等。

辐射防护授权分为辐射防护一级（RP1）授权和辐射防护二级 RP2 授权，辐射防护一级（RP1）授权的对象是Ⅰ类人员，辐射防护二级（RP2）授权的对象是Ⅱ类人员，其他人员（Ⅲ类人员）进入辐射控制区不需要辐射防护授权，但需要具有 RP2 授权的人员全程陪同。

（6）SP-RP-05 防护用品管理

辐射防用品是基本辐射防护用品、附加辐射防护用品及辐射防护支持用品的总称。基本辐射防护用品为进入辐射控制区的工作人员必须穿戴的防护用品，用于辐射控制区内一般工业安全和辐射安全的防护。附加辐射防护用品用于辐射控制区内存在的较高辐射风险、表面污染风险或空气污染风险的附加防护。辐射防护支持用品用于现场做辐射防护措施需要的物品。

基本防护用品为进入辐射控制区的工作人员必须穿戴的防护用品，用于辐射控制区内一般工业安全和辐射安全的防护。以下为防护用品为基本防护用品：

1）控制区连体服；

2）T 恤；

3）袜子；

4）纸帽；

5）工作鞋；

6）安全帽；

7）白纱手套。

这七项统称为基本防护用品七件套，其中除纸帽为一次性使用物品以外，其余为重复使用物品。

附加防护用品用于辐射控制区内存在的较高辐射风险、表面污染风险或空气污染风险的附加防护，主要包括：

1）披肩纸帽；

2）纸衣；

3）橡胶手套；

4）塑料鞋套；

5）呼吸过滤器面具；

6）连体气衣；

7）气面罩；

8）自给式呼吸保护器；

9）铅衣；

10）铅眼镜。

辐射防护支持用品用于现场做辐射防护措施需要的用品，主要包括：

1）塑料布；

2）塑料袋支架；

3）工作区边界粘胶带；

4）去鞋底污染粘纸；

5）污染警示带；

6）隔离桩；

7）污染标识门槛等；

8）塑料袋；

9）空气净化小车等。

3.5.3 SP-WM 放废管理

放射性废物管理包括放射性废物的预处理、处理、整备、运输、贮存和处置在内的所有行政管理和运行活动。

放射性废物管理的总目标是在考虑社会和经济的因素的基础上，采取一切合理可行的措施管理放射性废物，以确保人类及环境不论现在或将来都得到足够的保护，并不给后代增加不适当的负担。通过对放射性废物的产生、预处理、处理和整备、运输、贮存等阶段的控制，不断改进放射性废物处理工艺流程和技术，提高管理水平，使最终放射性固体废物产生量（体积和活度）可合理达到尽量低；建立切实可行且具有挑战性的放射性废物管理目标，并通过对标持续改进放射性废物管理水平。

（1）SP-WM-01 放射性废物分类

放射性固体废物分为工艺废物、技术废物和其他废物。

1）工艺废物是核电厂运行中工艺系统产生的废物，包括蒸发浓缩液、废树脂、废水过滤器芯子、通风系统过滤器芯子、淤积物等。

2）技术废物是核电厂运行中由于人员和维修活动中产生的废物。主要包括个人防护用品、受到放射性污染的报废工器具、设备部件等。

3）其他废物是电厂产生的除工艺废物、技术废物以外的其他废物。如被放射性物质污染的废油、废清洗剂和其他有机废液等。

（2）SP-WM-02 放射性废物处理与整备

废物处理是为了安全或经济目的而改变废物特性的操作，如衰变、净化、浓缩、减容、从废物中去除放射性核素和改变其组成等，但不包括废物的固定。废物整备是为了形成一个适于装卸、运输、贮存和（或）处置的货包而进行的操作，包括把废物转变为固态废物体、把废物封装在容器中和必要时提供外包装。

（3）SP-WM-03 放射性废物贮存

放射性固体废物在核电厂内部贮存管理目标是依靠屏障、隔离等措施，防止放射性物质以不可接受的量释放到环境中，保证公众及职业人员受到的照射不超过相应的剂量当量限值，并保持可以合理达到的尽可能低的水平。放射性固体废物在电厂内部贮存管理以满足废物最终处置为导向。

放射性固体废物在电厂内部贮存贯彻分类收集、定型包装、安全运输、集中暂存、建立档案、监测管理、限期转运处置等基本原则。暂时贮存的废物必须在包装和贮存方式上保证其在规定的暂存期内可完整回取。在确保安全的同时，要采取有效措施提高废物暂时贮存和最终处置的经济性。放射性废物贮存库应提前规划分区，制定码放要求，并建立废物档案和出入库登记制度，保证废物始终处于有效监控之下。

（4）SP-WM-04 放射性废物最小化

放射性废物是指核设施运行、退役产生的，含有放射性核素或者被放射性核素所污染，其浓度或者比活度大于国家确定的清洁解控水平，预期不再使用的废弃物。废物最小化是指核设施从设计到其退役的所有阶段，在统筹考虑一次废物和二次废物的情况下，通过减少废物产生、再循环再利用、优化处理工艺和管理措施，把放射性废物量（体积和活度）减少至合理达到的尽量低的过程。

在核电厂运行过程中，按照国家法律、法规、导则和标准的规定，通过技术手段和管理措施的持续改进，遵循源头控制优先、全过程管理、全员责任和持续化的原则，以废物最小化原则为废物处置核心，通过废物的源头控制、清洁解控、优化废物处理措施，实现放射性废物最小化管理目标。

3.5.4 SP-IS 工业安全

工业安全是指在工作生产过程中消除可能导致人员伤亡、设备和财产损失的因素（不包括火灾、治安、交通安全、环境污染、卫生防疫等方面因素），保证人身、健康和财产安全。在满足国家法律法规和地方行政法规以及行业标准规范等要求的基础上，坚持科学发展观和以人为本的管理思想，贯彻落实国家“安全第一、预防为主、综合治理”的安全生产方针，贯彻落实“三个不能过高估计”“五个绝对不允许”的安全要求，建立、健全工业安全管理体系，有效配置资源，明确责任，强化监督检查，杜绝工业安全事故，保障公司财产、工作人员免受危害。

管生产必须管安全，当安全与生产施工发生矛盾时，必须首先考虑安全，必要时中断作业活动，直到安全条件或安全措施符合安全要求为止。

禁止违章指挥、违章作业和违反劳动纪律等不安全行为，文明作业，强化对现场监督检查和内部安全职责落实，督促落实各项安全措施。

（1）SP-IS-01 安全生产责任制管理

全生产责任制将核电厂安全生产责任落实到每个部门、每个科室、每名员工，根据实际情况及时组织修订各岗位安全生产职责，对安全生产责任不落实现象进行考核，做到各司其职，各负其责，密切配合，相互协调。安全生产责任制遵循如下原则

1）党政同责原则。各级党委对安全生产工作都负有领导责任，其班子成员按照责任分工分别承担相应的安全生产工作职责。

2）一岗双责原则。各级领导人员在管理生产的同时，必须负责管理安全工作，认真贯彻执行国家有关劳动保护的法规和制度，在计划、布置、检查、总结、评比生产的同时，计

划、布置、检查、总结、评比安全工作。

3）失职追责原则。各级党政主要负责人和有关负责人执行“党政同责、一岗双责”规定不力，导致安全生产事故且造成人员伤亡或者重大经济损失等严重后果的，按照“科学严谨、依法依规、实事求是、注重实效”的原则，调查分析原因，划清领导责任，并依法依纪予以问责。

（2）SP-IS-02 安全隐患排查与治理管理

核电厂应持续深入开展事故隐患排查治理活动，加强制度建设和趋势分析，消除各类事故隐患，实现事故隐患的100%排查，对排查出的事故隐患达到100%整改的目标，从根本上防止各类安全生产事故发生。

1）“谁主管，谁负责”原则；各级安全生产第一责任者对职责范围内的事故隐患排查治理工作负责，全面持续开展事故隐患排查治理活动；公司各职能部门是本部门事故隐患排查治理的直接管理部门，负责组织、指导、协调职责范围内事故隐患排查治理工作。

2）“全方位覆盖、全过程闭环、全员参与”原则；隐患排查治理实行分级分类管理，按照“排查、评估、报告、治理、验收、销号”的闭环管理流程进行管理，任何人员发现事故隐患，均有责任及时报告。

3）“全面排查、有效监控”原则；各相关责任部门须切实做到责任、措施、资金、期限和预案“五落实”。

（3）SP-IS-03 工业安全监督管理

核电厂安全生产监督体系由公司分管安全的公司领导、安全质保部全体、各部门专职安全员、科室/班组安全员组成。

1）安全质保责任部门是核电厂的安全生产监督机构，负责对基建、调试、运行等工作进行安全生产监督，建立健全公司三级安全生产监督体系，履行安全生产监督职责，并与安全生产保证体系共同确保安全生产目标的实现。

2）核电厂实行逐级安全生产监督机制，安全质保部可以直接对公司各部门的安全生产工作实行监督，部门安全监督人员可以对下属各科室/班组的安全生产工作实行监督，科室安全员可以对本科室及外包单位的安全生产工作进行监督。

3）核电厂安全质保责任部门组织各部门在生产、基建外包工程中，必须签订安全管理协议，协议中要明确合同各方安全监督的范围、内容及责任。

（4）SP-IS-04 劳动保护管理

劳动防护用品是指用人单位为劳动者配备的，使其在劳动过程中免遭或减轻事故伤害及职业危害的个体防护装备。劳动防护用品分为一般劳动防护用品、特种劳动防护用品。

1）核电厂应按规定根据实际需求列支劳动防护费用，为员工提供必需的合格劳动防护用品，包括一般劳动防护用品和特种劳动防护用品，以保护员工人身安全和身体健康。

2）根据劳动保护需要，核电厂按不同工作岗位分档次发放劳动防护用品。

3）员工因公出差（包括借调、实习、培训）至其他单位，劳动防护用品原则上由原单位根据其工作性质按实际情况发放；挂职人员，由用人单位根据其岗位性质及工作实际配发相应标准劳动防护用品，不得重复发放。

4）员工在作业过程中，应当按照规章制度和劳动防护用品使用规则，正确佩戴和使用劳动防护用品。

（5）SP-IS-05 特种设备管理

特种设备是指对人身和财产安全有较大危险性的电梯、起重机械、场（厂）内专用机动车辆，包括适用于《中华人民共和国特种设备安全法》的特种设备和核设施特种设备。

核电厂应建立特种设备三级安全管理组织体系：

1）特种设备安全管理归口管理部门：技术支持部为公司特种设备归口管理部门，建立、维护与监督管理公司特种设备安全管理组织体系，牵头办理公司与特种设备安全监督管理部门业务工作，建立与维护公司特种设备及其作业人员数据库。

2）特种设备安全管理责任部门：维修部为起重机械、电梯、厂内专用机动车辆（施工承包商用特种设备除外）安全管理责任部门，工程部为施工承包商用特种设备责任部门，各责任部门负责特种设备安装工作监督管理，负责维修、定期检验、维护保养、技术改造、安全技术档案建立等工作实施管理。

3）特种设备安全管理执行部门：特种设备具体安全管理活动的实施与执行部门，执行部门职责分工以责任部门建立的安全管理制度为主。

3.5.5 SP-FP 消防

核电厂要从确保核安全的高度，充分认识消防安全的重要性。保证公司消防安全是各部门/单位共同责任，做好消防安全工作是每位工作人员的权利和义务，各部门/单位及每个工作人员必须对自己工作活动的消防安全负责。

（1）SP-FP-01 防火控制

核电厂建立和执行有效的防火管理制度，可燃物料和引燃源可控受控，防火屏障状态良好可控，消防设施可靠运行，消防相关许可证办理率 100%。

1）遵循纵深防御的原则。防止发生火灾；快速探测并扑灭已发生的火灾，从而限制火灾的损害；防止尚未扑灭的火灾蔓延，从而将火灾对电厂安全重要功能的影响降至最低。

2）公司防火控制严格执行国家消防法律法规要求，坚持“谁主管、谁负责”“谁使用、谁负责”工作原则；

3）公司防火控制工作责任到部门，厂房管理部门必须管厂房防火控制，作业活动责任部门必须管理作业活动防火控制。

（2）SP-FP-02 消防监督检查

消防监督检查是指按照国家相关消防法规、标准和公司相关程序、规程制定的管理程序，是专职消防监督管理部门对消防安全状况进行监督管理的工作依据。

消防监督管理指标按一般及以上火灾事故（起）、火险事件（起）、设备烧损事件（起）、异常事件和违反消防管理规定事件五类进行管理控制。

（3）SP-FP-03 人工消防管理

人工消防是核电厂纵深防御原则的重要组成部分，也是消防安全的重要屏障。核电厂依法并根据实际情况建立人工消防组织，包括：快速行动消防组、志愿消防员组织、专职消防队等。

（4）SP-FP-04 消防演习管理

消防演习按照灭火干预级别、参与部门分为消防单项演习、消防综合演习、消防联合演习和消防专项演习。

1）消防单项演习，由快速行动消防组为主体而进行的消防演习。

2）消防综合演习，由快速行动消防组、专职消防队、保卫部等相关部门参加的消防演习。

3）消防联合演习，由快速行动消防组、专职消防队、保卫部等相关部门和地方消防后援单位参加的消防演习。

4）消防专项演习，在某些指定区域内进行、由指定人员参加的消防演习，如办公区域消防演习、仓库区消防演习、安全壳打压试验消防演习等。

3.5.6 SP-SY 保卫管理

核电厂保卫管理负责落实国家核安保法律法规对核电厂安全保卫工作的要求，明确核材料管制和核安保工作职责，有效落实各项安全防范措施，预防和打击各类威胁核电厂安全的破坏活动，确保核设施核材料的安全。

（1）SP-SY-01 厂区出入控制管理

核电厂厂区从外到内划分为管理区、控制区、保护区和要害区四个区域。各区域均建立人员和车辆主出入口，配备出入口警卫人员执勤检查检验。

1）管理区：该区域主要为非生产办公区，通过实体屏障与外界隔离。

2）控制区：该区域主要为生产办公区和辅助生产厂房区，设在管理区内，通过实体屏障与管理区隔离。

3）保护区：该区域为重要生产运行厂房区，设在控制区内，通过实体屏障与控制区隔离。

4）要害区：该区域为核安全密切相关的重要厂房，设在保护区内，通过实体屏障与保护区隔离。

（2）SP-SY-02 厂区交通安全管理

核电厂《中华人民共和国道路交通安全法》及其《实施条例》制定厂区交通安全管理，规范厂区道路交通和车辆停放秩序，预防和减少交通事故，保护人身和财产安全。

1）管理区的主干道限速为 30 km/h，支路限速为 20 km/h；控制区以内的主干道限速为 20 km/h，支路限速为 15 km/h；

2）凡在厂区道路上通行的机动车、非机动车及其驾驶人、乘车人和行人，必须遵守交通安全法规和本程序相关规定，服从交通安全管理；

3）凡在厂区道路上通行的机动车、非机动车及其驾驶人和行人必须遵守“右侧通行”“限速行驶”“行人优先”的通行原则；

4）交通高峰期直行与右转车辆实行交替通行方式，以达到提高车辆通行效率和不同车道车辆均衡通行目的；

5）厂区车辆停放应停放在停车场的车位内，遵守“倒车入位”原则，厂区道路未经允许禁止停放车辆；

6）进入厂区的车辆必须有经年审合格的行驶证，驾驶机动车人员必须依法取得机动车驾驶证。

（3）SP-SY-03 保卫监督检查管理

保卫监督检查原则如下：

1）“谁主管、谁负责”原则。按照管业务同时管安全的要求，各部门应按安全保卫要求，认真落实各项安全防范措施，维护好部门内部治安环境；保卫处应落实监督检查责任，维护好公司的内部治安环境；

2）“谁使用、谁负责”原则。按照责任制落实要求，各部门应落实安全责任制；保卫部应定期对相关区域进行监督检查。

保卫监督检查要求如下：

1）定期检查各部门责任区域的安全保卫管理规定的制定和落实等情况；

2）定期进行开展安全检查，及时发现和消除不安全隐患；

3）跟踪隐患问题整改情况，形成闭环管理。

（4）SP-SY-04 要害保卫管理

要害部位是指对核电厂的生产、运行起重大影响和关键作用的部位，具有性质重要、作用关键、影响巨大等特点。不同类型的核电厂，要害部位存在一定差异。

要害部位综合其重要程度和危险程度分为三个级别，实行分级管理。其中：

1）一级要害部位包括：涉核物资存放保管及生产运行部位；核电厂生产运行的关键性控制部位；核电厂保卫控制中心。

2）二级要害部位包括：易燃易爆、剧毒、强酸等化学危险物品的使用保管部位。

3）三级要害部位包括：核电厂重要器材、设备、贵重精密仪器仪表、生产资料的存放、使用部位；核电厂重要文件信息资料存放部位；核电厂生产性供电、供水部位。

（5）SP-SY-05 核材料内部转运保卫管理

核材料内部转存是指核材料在厂区非永久库房区域临时存放或转移。核电厂应明确核材料在厂区临时存放、转运期间的安全，明确相关规定和职责，有效防止核材料被盗、抢劫和转运过程中等核安保事件的发生。

3.5.7 SP-QA 质量保证

核电厂应根据《中华人民共和国核安全法》、《核电厂质量保证安全规定》（HAF 003）及其导则、《核动力厂调试和运行安全规定》（HAF 103）及其导则的要求，制定质量保证大纲，给出质量政策说明。

（1）SP-QA-01 管理部门审查

管理部门审查是指组织的最高管理者对其管理体系在执行该组织的政策和实现其目标与宗旨方面的适宜性、充分性、有效性和效率进行的定期和系统评价。

管理部门审查列入年度工作计划，每年组织一次，原则上间隔不超过 12 个月。如果在实施管理体系过程中遇到以下情况，则须组织非定期的管理部门审查：

1）公司组织机构发生重大调整时；

2）法律、法规和外部环境发生重大变化时；

3）发生重大质量事件、职业健康安全或环境事件、事故、投诉时；

4）质量趋势明显下降时；

5）管理层认为必要时。

（2）SP-QA-02 质保监查与监督

质保监查是通过对客观证据的调查、检查和评价，为确定所制定的大纲、程序、细则、技术规格书、规程、标准、行政管理计划及其他文件是否齐全适用，是否得到切实遵守以及实施效果如何而进行的审核并提出书面报告的工作。

质保监督是通过对某个特定领域或某项质量相关活动进行的调查、观察和验证，收集和分析相关信息、证据和资料，验证质量相关活动是否符合法规、标准或程序规定的要求，评价相关方质量保证工作的运作情况，对已发现的重大质量问题或潜在质量问题进行原因分析，针对发现的偏差和缺陷提出相应的改进建议或纠正行动要求。

（3）SP-QA-03 现场质量控制

质量控制是按规定要求为控制和测量某一物项、工艺和装置的性能提供手段的所有质量保证活动。在本程序中特指由独立的质量控制人员对维修活动是否达到技术文件、标准规定的要求所进行的独立质量检查活动。

质量控制按照设备分级和维修等级实行分级管理。规定分级的维修工作必须制定质量计划，由独立检查者通过设置检查点进行相应的质量监督或控制。

维修活动中要求由独立的验证人员验证维修工作质量的工序点，质量控制点分为以下三类：停工待检点（H/Hold Point）、见证检查点（W 点/Witness Point）和文件见证点（R 点/Report Point），其中 H 点的级别最高，R 点的级别最低。

1）停工待检点（H 点）：H 点是特定的控制点，当实施一项活动或操作时，必须有指定人员到场给予放行才允许继续进行该停工待检点以后的工作。放行基于特定人员在现场的观察或进行独立检查、检验或审核。没有书面的经批准的质量计划见证点放弃通知单，不得越过或取消停工待检点。

2）见证检查点（W 点）：W 点是工作次序中特定的某个步骤，要求指定人员对该步骤作业过程进行见证或检查，目的是验证该步骤的工作是按批准的控制程序完成的。见证点可以由负责独立检查的部门进行增减或放弃，放弃后该步骤必须有相应记录作为实施证据。

3）文件见证点（R 点）：R 点对维修活动或维修工作次序中某个步骤提供证据，即提供能够反映维修质量信息的客观证据或记录，这些客观证据或记录包括文件审查、加工制造、检查测量、金属监督及在役检查、试验、工作执行情况、材料分析等的结果。

（4）SP-QA-04 质量事故（事件）报告

核设施建造、运行质量事故（事件）是指核设施建造过程和工程质量不满足规定要求而导致的经济损失，或核设施运行期间人为因素或管理不善造成经济损失。

质量事故（事件）按其造成的损失大小和影响程度分四级，即质量事件、一般质量事故、较大质量事故和重大质量事故。

在发现质量事故（事件）后，责任部门应立即向安全质量管理部门，并同时向本部门分管领导报告。安全质量管理部门在收到报告后，立即向安全质量分管领导报告。报告的形式可以是电话、邮件等。

（5）SP-QA-05 生产不符合项

生产不符合项是在运行阶段发现或发生的系统、设备及构筑物的质量缺陷，在 DR 或 QDR 的形式进行处理后，仍然不能满足原设计要求或相关验收准则的，应填写生产不符合项报告进行管理。根据生产不符合项涉及设备、构筑物对核安全、机组可利用率的影响程度分为Ⅰ类生产不符合项、Ⅱ类生产不符合项。

出现以下情况（包括但不限于）时，需要填写生产不符合项报告：

1）维修处理后，部分参数仍不满足原设计或维修、运行确定的验收准则；

2）无原备件需用其他备件进行临时替代的；

3）用临时技术改进来暂时消除设计缺陷；

4）现场系统设备带有原因明确的缺陷，暂时无法通过维修予以修复的；

5）役检大纲范围内的核级焊缝缺陷。

3.5.8 SP-EP 应急准备与响应

核应急基本目标是依法科学统一、及时有效应对处置核事故，最大程度控制、缓解或消除事故，减轻事故造成的人员伤亡和财产损失，保护公众，保护环境，维护社会秩序，保障人民安全和国家安全。

核应急基本方针是常备不懈、积极兼容，统一指挥、大力协同，保护公众、保护环境。核应急基本原则是统一领导、分级负责，条块结合、军地协同，快速反应、科学处置。

（1）SP-EP-01 应急组织机构与职责管理

根据核电厂场内应急准备和响应工作的要求，核电厂应建立了核事故应急响应组织机构，明确了各应急岗位人员的资格要求。应急组织设立时，一般应考虑以下原则：

1）所有应急功能均被分配到相应的应急响应组和应急岗位；

2）所有应急响应组和应急岗位均赋予明确的应急功能；

3）各应急响应组和应急岗位的功能不交叉重复；

4）应急响应组织与正常运行管理组织兼容；

6）应急岗位人员承担的应急功能与正常运行管理的职责基本一致；

7）考虑与场外应急计划的协调和衔接，与核动力厂其他非核应急预案的接口，应急状态下与工程承包商的接口；

8）考虑应急设施位置对应急人员就位的影响、应急通知和对外报告的需求和应急抢修、应急补救行动实施的因素；

9）考虑同一厂址范围内运行机组和建造机组之间对应急响应的需求和统一协调的需要。

（2）SP-EP-02 应急通知与启动

应急控制中心启动前，事故机组当班值长通知应急通知员实施全厂应急广播和短信群呼。应急控制中心启动后，应急秘书长组织应急秘书组实施全厂应急广播和短信群呼。

当确认发生事故并进入应急待命状态或以上应急状态 15 分钟内，利用电话和传真方式向国家核安全局、生态环境部核与辐射安全监督站、国家核事故应急办公室、国家能源局、省核电厂事故场外应急委员会办公室、集团公司、核电公司发出应急通告。通告的内容包括事故发生的时间、机组、事故前机组的工况、事故后的概况、已采取的和将采取的应急措施等。

在核事故发生并进入厂房应急或高于厂房应急状态后 45 分钟内用传真方式向国家核安全局、生态环境部核与辐射安全监督站、国家核事故应急办公室、国家能源局、省核电厂事故场外应急委员会办公室、集团公司、核电公司发出初始报告。

进入应急状态时，应急控制中心启动。厂房应急及以上应急状态时，当值的应急组织成员应及时启动就位。应急待命时，可以根据具体情况安排部分或全部当值的应急组织成员启动。应急人员就位后应签到，并及时向其所在岗位的上级汇报就位地点。处于待命状态的应急人员应及时向其所在岗位的上级汇报待命地点。

（3）SP-EP-03 严重事故应急管理

应急总指挥负责统一指挥电厂内的应急事故管理行动，批准进入和退出严重事故管理导则（SAMG），根据事故电厂状态以及技术副总指挥的建议，发布事故机组进入严重事故的通知。

严重事故管理导则（SAMG）是在严重事故下用于主控室、电厂应急专业组以及技术支持组的可执行文件，是较为完整的、一体化的针对严重事故的指导性管理文件。

（4）SP-EP-04 事故环境后果评价

核电厂根据电厂厂址特征以及电厂事故分析结果，开发适合于本电厂特征的核事故后果评价软件系统以及失电情况下用于手工评价的剂量估算手册。

在接到后果评价的指令后，剂量评价员获取事故电厂的源项数据，利用事故后果评价软件系统进行，分别运行评价事故的三个模式，即风场计算模式、浓度场计算模式和剂量计算模式。进行预报风场、核素浓度场和预期剂量和可避免剂量计算，并形成防护行动建议。

根据评价结果，结合应急环境监测数据，编制事故环境后果评价报告，经环境评价指挥批准后报应急总指挥。

（5）SP-EP-05 堆芯损伤评价

当电站发生事故进入应急状态时，堆芯损伤评价人员根据要求启动堆芯损伤评价计算机软件，进行堆芯损伤的初步评价、详细评价以及安全壳完整性评价，并及时报告评价结果。

堆芯损伤评价应按照“确定电厂状态-评价-确认-结果报告-确定电厂状态”这 5 个基本步骤重复进行，在事故过程中根据需要不断运行堆芯损伤评价软件，给出各阶段的堆芯损伤状况和潜在放射性源项；堆芯损伤评价结果报告由评价软件打印生成，事故过程中产生的堆芯损伤评价结果报告由堆芯损伤评价组组长签字并经审核后提交应急指挥部。

3.5.9 SP-SR 安全分析

安全分析包括定期安全审查（PSR）、概率安全评价（PSA）开发与应用、严重事故管理等工作。

（1）SP-SR-01 定期安全审查

以规定的时间间隔对运行核动力厂的安全性进行的系统性的再评价，以应对老化、修改、运行经验、技术更新和厂址方面的积累效应，目的是确保核动力厂在整个使用寿期内具有高的安全水平。

根据《核动力厂定期安全审查》（HAD 103/11）的规定，我国核电厂定期安全审查的时间间隔为 10 年，针对十四项安全要素进行审查，分别是核动力厂设计，构筑物、系统和部件的实际状态，设备合格鉴定，老化，确定论安全分析，概率安全分析，灾害分析，安全性能，其他核动力厂经验及研究成果的应用，组织机构和行政管理，人因，程序，应急计划，辐射环境影响。

（2）SP-SR-02 概率安全评价

概率安全分析，又称概率风险分析（PRA），采用系统可靠性评价技术（即故障树、事件树分析）与概率风险分析方法对复杂系统的各种可能事故的发生和发展过程进行全面分析，从它们的发生概率以及造成的后果综合进行考虑，是核电厂安全评价的一个标准化工具。

核电厂配置风险管理中的风险阈值是针对不同的风险指标来确定的，一套风险指标与对应的风险阈值共同构成了配置风险管理中衡量风险高低的尺度（见表 3-14）。风险阈值通常包括瞬时风险和累积风险两类定量风险指标。

表 3-14　核电厂风险区划分

风险区域	随机不可用	计划不可用
正常控制区（绿）	风险可接受，正常工作控制	风险可接受，正常
工作控制风险管理区（黄）	需要控制风险，尽快采取措施	需要控制风险，制定风险管理措施
不可接受区（红）	不可接受，需立即采取措施	不可接受，不主动进入该配置

（3）SP-SR-03 严重事故管理

严重事故是比设计基准事故更严重且发生堆芯性能严重恶化的事故工况。严重事故管理（SAMG）是在严重事故下用于主控室、电厂应急专业组以及技术支持组的可执行文件，是较为完整的、一体化的针对严重事故的指导性管理文件。

1）对于严重事故管理，必须对相关人员进行分类初始培训和验证演习；

2）严重事故管理和培训教材必须按照现场变更做相应修改；

3）严重事故管理定期升版；

4）严重事故定期培训和演习按照培训大纲和演习计划执行。

表 3-15　设计中考虑的核动力厂状态

<table>
<tr><th colspan="2">运行状态</th><th colspan="3">事故工况</th></tr>
<tr><td rowspan="2">正常运行</td><td rowspan="2">预计运行事件</td><td rowspan="2">设计基准事故</td><td colspan="2">设计扩展工况</td></tr>
<tr><td>没有造成堆芯明显损伤</td><td>堆芯熔化（严重事故）</td></tr>
</table>

（4）SP-SR-04 最终安全分析报告管理

最终安全分析报告（FSAR）应根据已实施的修改和现场实际情况进行修订（见表 3-16）；涉及运行限值和条件、核安全相关内容描述的修改，应提前报告国家核安全局和华东监督站，获得批准后再修改 FSAR；其他不包括运行限值和条件的修改、非核安全相关内容描述和文字错误等修订内容应通过电厂安全委员会的审查，在修订完成后及时报告国家核安全局和监督站。

表 3-16　FSAR 各章节维护责任部门

章节号	章节名称	责任部门
第 1 章	前言和电厂概述	技术支持部（安全分析责任部门）
第 2 章	厂址特征	环境应急部
第 3 章	结构、部件、设备及系统的设计	设备管理部
第 4 章	反应堆	技术支持部（堆芯燃料责任部门）
第 5 章	反应堆冷却剂系统和与之相连的系统	设备管理部
第 6 章	专设安全设施	设备管理部
第 7 章	仪表和控制	设备管理部
第 8 章	电力系统	设备管理部
第 9 章	辅助系统	设备管理部
第 10 章	蒸汽-电力转换系统	设备管理部
第 11 章	放射性废物管理	保健物理部
第 12 章	辐射防护	保健物理部
第 13 章	运行管理	安全质保部（保卫部负责第 13．6 节）
第 14 章	初始试验大纲	技术支持部（安全分析责任部门）
第 15 章	事故分析	技术支持部（安全分析责任部门）
第 16 章	技术规格书	核安全与执照部
第 17 章	质量保证	安全质保部
第 18 章	人因	技术支持部（安全分析责任部门）
第 19 章	概率安全分析和严重事故	技术支持部（安全分析责任部门）
第 20 章	退役	技术支持部

（5）SP-SR-06 配置风险管理

配置风险管理是利用基于活态概率安全分析的实时风险模型，根据核电厂配置计算风险指标，开展核电厂风险管理的方法。核电厂根据《核电厂配置风险管理大纲的格式和内容》和《核电厂配置风险管理的技术政策（试行）》开展配置风险管理工作。

配置风险管理总体要求如下：

1）建立适用于自身的、有效的配置风险管理体系，以保证电厂对包括多重设备失效在内的各种运行及维修配置的风险控制，保证机组的运行安全。

2）应根据机组实际情况确定一套风险阈值，来对不同的风险水平进行分类，然后根据已确定的风险阈值建立风险管理矩阵，并有针对性的确定风险管理措施。

3）在开展配置风险评价工作前应将核电厂运行阶段的活态 PSA 模型重构为实时风险模

型，并应开发和部署相应的风险监测工具，并将实时风险模型与风险监测工具相结合，以实现核电厂运行及维修配置风险的评价与管理。

4）风险监测工具应满足核电厂开展运行及维修配置风险管理所需的功能和性能。

表 3-17 配置风险管理风险阈值

运行配置风险阈值	风险区域	维修配置风险阈值
CDF<2CDF 基准并且 LERF<2LERF 基准	正常控制区（绿区）	ICDP<10^{-6} 并且 ILERP<10^{-7}
2CDF 基准≤CDF<10^{-3}/堆年 或 2LERF 基准<LERF	风险管理区（黄区）	10^{-6}≤ICDP<10^{-5} 或 10^{-7}≤ILERP<10^{-6}
CDF≥10^{-3}/堆年	风险不可接受区（红区）	ICDP≥10^{-5} 或 ILERP≥10^{-6}

表 3-18 运行（随机不可用）风险管理矩阵

风险区域	配置风险管理行动
风险不可接受区（红区）	1）缺陷按紧急工作响应； 2）启动生产待命和生产决策，立即采取行动降低风险（若机组处于功率运行状态，且经确认机组配置风险处于红区时，则需要立即停堆后撤，将机组置于可接受的风险水平）
风险管理区（橙区）	1）缺陷按紧急工作响应； 2）启动紧急消缺流程，制定并实施风险管理措施（RMA）； 3）维修时间不超过累积风险允许配置时间（ACT）
风险管理区（黄区）	1）缺陷按重要缺陷响应； 2）制定并组织实施风险管理措施（RMA）后，允许延长维修时间至 ACT
正常控制区（绿区）	1）正常开展相关生产活动，无新增风险管理要求

表 3-19 维修（计划不可用）风险管理矩阵

风险区域	配置风险管理行动
风险不可接受区（红区）	禁止主动进入
风险管理区（黄区）	1）评价不可定量因素影响 2）管理晚会中确定风险管理措施（RMA）
正常控制区（绿区）	正常工作控制

3.6 支持服务

支持服务包含了核电厂维修支持、技术支持、经验反馈、人因管理、燃料管理、培训与资格、采购仓储、信息文档、职业健康及环境保护，支持服务流程围绕核心流程进行设计，为核心流程的安全有效运作提供支持和服务。

本业务领域包含 9 个流程、59 个子流程（见表 3-20）。

表 3-20　核电支持服务领域流程和子流程关系表

领域	流程	流程编号	子流程	子流程编号
支持服务	维修支持	SS-MS	工器具管理	SS-MS-01
			油务管理	SS-MS-02
			脚手架管理	SS-MS-03
			保温管理	SS-MS-04
	技术支持	SS-II	在役检查管理	SS-II-01
			老化管理	SS-II-02
			防腐管理	SS-II-03
			焊接管理	SS-II-04
	经验反馈与人因	SS-OE	经验反馈管理	SS-OE-01
			状态报告管理	SS-OE-02
			核安全文化管理	SS-OE-03
			人因管理	SS-OE-04
			防人因失误工具使用	SS-OE-05
			管理巡视和观察指导	SS-OE-06
			人员行为规范管理	SS-OE-07
			同行评估管理	SS-OE-08
	燃料管理	SS-FM	换料设计管理	SS-FM-01
			堆芯监督管理	SS-FM-02
			乏燃料管理	SS-FM-03
			核材料管制管理	SS-FM-04
			厂内燃料管理	SS-FM-05
			核燃料采购技术管理	SS-FM-06
	培训与资格	SS-TQ	岗位培训大纲管理	SS-TQ-01
			培训材料及试题库管理	SS-TQ-02
			培训设施管理	SS-TQ-03
			培训教员管理	SS-TQ-04
			员工培训与资格管理	SS-TQ-05
			承包商人员培训与资格管理	SS-TQ-06
			操纵人员培训与再培训管理	SS-TQ-07
			管理培训管理	SS-TQ-08
			技能培训管理	SS-TQ-09
	采购仓储	SS-PS	供应商管理	SS-PS-01
			服务承包商现场管理	SS-PS-02
			采购计划管理	SS-PS-03
			采购过程控制管理	SS-PS-04

续表

领域	流程	流程编号	子流程	子流程编号
支持服务	采购仓储	SS-PS	招投标管理	SS-PS-05
			物料主数据管理	SS-PS-06
			库存控制管理	SS-PS-07
			仓储管理	SS-PS-08
			库存物资管理	SS-PS-09
	信息文档	SS-IT	企业架构管理	SS-IT-01
			信息资源管理	SS-IT-02
			网络与信息安全管理	SS-IT-03
			电力监控系统安全防护管理	SS-IT-04
			信息化项目管理	SS-IT-05
			IT 系统管理	SS-IT-06
			IT 服务管理	SS-IT-07
			文档编码管理	SS-IT-07
			记录管理	SS-IT-08
			文件归档管理	SS-IT-09
			知识管理	SS-IT-10
	职业健康	SS-OH	职业病危害因素检测与评价	SS-OH-01
			职业健康检查	SS-OH-02
			职业健康工作适任性评价	SS-OH-03
			职业病防治	SS-OH-04
			职业病危害事故处置与报告	SS-OH-05
			医学急救	SS-OH-06
支持服务	环境保护	SS-EM	环境监督管理	SS-EM-01
			环境监测管理	SS-EM-02

3.6.1 SS-MS 维修支持

核电厂维修支持是指电厂在开展日常维修和机组停机换料预防性大修过程中，对所需要使用的通用类或专业技术类工器具、专用材料等实施维护管理。

（1）SS-MS-01 工器具管理

工器具管理分为通用工器具和专用工器具管理。通用工器具是指可用于多个技术专业或多类检修、运行、检测或分析工作且为标准化产品的工器具。专用工器具为特定生产活动定制的工器具、为某项或某类重要检修工作配置的工器具以及辐射监测仪表、化学分析仪表、放射源等。工器具管理业务流程包括工器具的台账建立、借用与归还、检验校定、保养、维修、盘点、报废、调拨和借用授权。

工器具台账清单包括物资编码、数量、供应商、制造商、型号、跟踪类型、出厂编码，仓位等信息，工器具按物资编码入库。工器具按业务跟踪方式划分为三种跟踪类型：

1）按序号跟踪类，用于管理需要维保或校验的一对一生成 UTC（Unique Tracing Code）管理的工器具；

2）按批次跟踪类，可单个或多个物资生成一个 UTC 进行管理；

3）不需要跟踪类，适合常规不需要校验和保养的普通工器具，不生成 UTC 进行一对一跟踪。

使用部门提出工器具采购申请，经维修、设备归口管理部门审核后，实施采购、到货验收、入库、领用、接受、上架，存放工器具库房集中保管、调拨使用，日常维护包括制定检验计划实施检验检定，按照保养计划实施工器具保养，以及保养、维修、盘点和报废等；各部门或外部承包商经授权后，可在维修库房借用工器具。通用工器具根据类别进行定期维护保养，计量器具建立台账并进行定期检定/校准。

工器具按照定额进行配置，配置最低配置数量和最高配置数量，当系统中数量低于最低配置数量时，触发工器具采购，一般以最高额配置数减去当前数量所得差额触发采购流程。

新引入使用的工器具，首次现场使用前，使用部门需要提前验证可用性、功能性及接口尺寸，便于发现问题并修正。进入辐射控制区工作，除少部分专用工器具外，其他工器具都应从维修热工器具间借用，归还时办理归还手续，辐射控制区内公用工器具归还前检查表面污染情况，达标后方可放回货位。

（2）SS-MS-02 油务管理

油务管理是指核电站生产工艺系统及设备中使用的各种油品的管理，包括除汽油、柴油、煤油等燃油外的汽轮机油、液压油、齿轮油、绝缘油、抗燃油和润滑油（脂）等工业用油的管理。油务管理业务流程包括建立油品、耗材和滤油设备以及备品备件台账、油品采购、验收入库、存储、发放和回收管理，以及旧油回收贮存、零星费油收集暂存、台账维护。

运行部门在进行定期巡检时，将重要设备/系统的油品工作状况纳入定期巡检内容，对有监测液位计的重要设备油位进行巡检。设备管理部门根据用油设备的重要性和装载油量，划分出重点用油监督设备，化学部门根据电厂化学技术规范/油质控制规范要求，对这些设备的油质进行化验分析。若油位低于用油设备的油标刻度时，维修责任部门及时补油，出现油品混浊、系统有其他异常现象或润滑脂产生变质时，检查分析原因，必要时进行取样分析。化学部门根据电厂化学技术规范/油质控制规范，对油品分析结果给出技术评价和处理意见。

油料库为消防重点厂房，为了保证仓库防火安全，严禁存放汽油、柴油、煤油、丙酮等易燃易爆危险物品。库区内的所有动火工作（切割、电焊、气焊、使用热源）和容易造成火灾的工作，必须严格执行动火票制度，并由消防管理部门确认防护措施到位后才能进行。

（3）SS-MS-03 脚手架管理

脚手架管理是指对运行、检修、变更改造、在役检查、生产厂房内土建维修及纠正性消缺等工作需要进行的脚手架作业管理。脚手架作业按照风险等级分为四类：

1）一类：重要区域：核岛及辅助厂房高风险、高辐射区域的脚手架搭设。

2）二类：重要设备运行区域：厂房内带电运行的重要设备区域脚手架搭设。

3）三类：超高空（15 m 以上）、超高温（作业环境温度大于 40 ℃）、强噪声环境（噪声水平超过 115 db）以及管道、容器内等高风险区域的脚手架搭设。

4）四类：除以上区域的脚手架。

维修部门提出大、小修期间以及解列前脚手架作业需求，维修支持部门按照大、小修期间的脚手架作业工单计划以及脚手架作业（解列前）计划编写、批准脚手架搭设技术方案，实施脚手架搭设工作；安全质量部门对脚手架搭设人员持有的特种作业证的有效性监督、对脚手架搭拆、验收、挂牌使用及架子工资质进行安全监督，审批脚手架高风险作业工业安全许可票（ISP）。现场 SPV 设备需要搭设脚手架的，技术部门负责进行风险评估，确认是否有停机停堆风险。运行部门负责脚手架作业工单的开工批准和终结，系统设备隔离相关现场安措（隔离），参与脚手架作业计划（解列前）审核，识别可能引起停堆、停机及机组运行瞬态风险，必要时组织工单准备人、架子工负责人到现场确认。

日常/大修脚手架作业期间，检修工作负责人或由工作负责人指派的专人应参与脚手架工作负责人组织召开的脚手架工前会，识别误碰设备的风险并向脚手架负责人明确现场误碰设备的范围。重要关键部位的脚手架搭设，须经运行人员许可，工作负责人或由工作负责人指派的专人在现场协助和监护脚手架的搭建工作，5 m 以上脚手架搭设作业需办理高风险作业许可票，未完成验收的脚手架需挂“正在搭设，禁止使用”的警示牌。搭设完成后，由脚手架搭设负责人会同专业工作负责人、相关责任部门人员对脚手架进行验收，工作负责人工作完成后，通知归口管理部门拆除脚手架后，方可结束工作票。

机组解列前脚手架搭建，大修经理组织计划审查，运行经理审查脚手架搭建对机组运行是否存在停堆、停机及机组运行瞬态风险，必要时组织现场确认；工业安全经理审查脚手架搭设 ISP 和专项安全技术方案是否满足安全要求；生产计划处对计划实施安排进行审查。

（4）SS-MS-04 保温管理

保温作业是核电厂为减少保温对象的内部热源向外部传递热量或减少保冷对象的外部热源向内部传递热量的措施。维修部门开展保温作业前，必须确认工作对象、办理工作许可、建立工作隔离区域和悬挂隔离牌并对作业区域进行保护（保护作业区域内的其他设备、设施并防止异物进入其他区域）。保温作业工单开工后，工作负责人与保温工作负责人在现场落实安全风险控制措施。重要关键部位（如松动部件探头、有误动作风险的阀门区域）的保温配合工作，需工作负责人或由工作负责人指派的专人在现场协助及监护保温的配合工作。

3.6.2 SS-Ⅱ 技术支持

核电厂技术支持主要是给生产活动提供技术服务，包括焊接管理和焊接评估，无损检测，设备老化管理、防腐管理等。

（1）SS-II-01 在役检查管理

在役检查指在核电厂寿期内，采用无损检测方法对核安全 1、2、3 级部件和常规部件实施有计划的预防性定期检验，检查其部件的完整性，以判断它们对核电厂继续运行是否可接受或者有必要采取补救措施而进行的一系列活动。通过建立在役检查管理体系，对在役检查活动的各个环节进行控制，确保机组压力边界完整性得到有效的控制和保证。在役检查是核电厂主要的大修项目之一。在役检查的任务主要是：

1）在核电厂运行寿期内，对所选择的部件用无损检测的方法进行定期检查，找出它们可能存在的性能劣化，以判断它们对核电厂继续安全运行是否可以接受或是否有必要采取补救措施；

2）检查重点是法规和规范所要求的关键部件，考虑其安全很重要，如果产生故障引起的后果可能会很严重。其次，根据其对电站经济运行的影响，合理安排相关的检查；

3）提供检查相关部件的状态评估，确保部件具有足够的缺陷纠正时间。

技术部门组织建立在役检查管理体系，落实体系内容、控制在役检查的整个活动，持续改进在役检查技术。在役检查技术大纲分为在役检查大纲、金属监督大纲以及核岛自主检查大纲三类，其中在役检查大纲针对核安全法规强制要求编制，金属监督大纲根据行业等标准对常规岛及 BOP 系统、设备部件制定，核岛自主检查大纲是根据运行经验、国内外经验反馈以及规范非强制性检查要求而编制，在役检查大纲应通过国家核安全监管当局的认可。在役检查计划根据实施周期划分为间隔计划和年度计划，批准生效的检验计划同时在生产系统预防性检查模块中进行生效。

预防性维修管理部门根据在役检查大纲，对确定的预防性维修项目进行汇编整理，录入预防性维修数据库。在役检查管理部门发起的预防性维修项目变更申请，直接流转到预防性维修数据库管理人员处理，其他部门提出的涉及在役检查大纲内容修改的预防性维修项目变更申请，须经过在役检查管理部门审批。

生产计划部门确认实施的在役检查项目，确定实施窗口；运行部门确认在役检查所需的系统和设备隔离要求，并实施隔离措施，协调运行期间紧急无损检测项目；维修部门提供无损检测相关设备容器阀门等解体和恢复的配合支持，以及设备吊装、保温层、脚手架等现场支持；设备管理部门确定在役检查发现的缺陷处理方案，提出变更改造项目的无损检测需求；保健物理部门监督在役检查用放射源现场存放和使用、确定重大辐射风险在役检查项目的 ALARA 计划；安全质量部门审核批准在役检查工业高风险作业，并对重点项目现场质量保证监督。在役检查活动的人员大致可划分为管理人员、实施人员、质量控制人员三类。所有从事在役检查活动的人员必须接受资格与授权的相关培训，并取得相应授权。

在役检查发现的缺陷评价和处理原则上必须按照在役检查领域各检验大纲规定的流程进行，对缺陷的性质、成因、定量、危害性等进行评价，并给出相应的处理建议，形成专门报告，反映在不符合项或质量缺陷报告等文件中；质量缺陷报告管理业务流程中，在役检查工程师负责确认承包商人员填报的在役检查专业的质量缺陷申请。现场的在役检查活动结束后90天内，将在役检查专项报告编入《换料大修总结报告》中，并提交国家核安全局。

（2）SS-Ⅱ-02 老化管理

核电厂在设计、建造、调试、运行及退役各阶段都必须开展系统化的老化管理工作，及时探测和缓解安全重要系统、构筑物和部件（SSCs）的老化效应，确保设备老化状态的可知可控及核电厂持续安全可靠运行。

核电厂制定电厂老化管理大纲，规定老化管理的职责分工、方法流程等，针对具体老化重要系统、老化关键设备或老化机理开发老化管理分大纲，老化管理分大纲应具有固定的格式，包含大纲的范围、预防性措施、老化效应的探测、监测和劣化趋势预测、缓解措施、验收准则、纠正行动、经验反馈、质量管理共九个要素。电厂建立老化管理数据库，用于存储老化管理相关数据和记录，为核电厂的老化和寿命管理提供依据。

老化管理业务活动包括开展老化关键设备老化机理分析、老化状态评估（PSR 老化因子审查等）、老化失效分析、实施在役检查无损检测等老化状态检查、老化环境措施制定以及老化相关数据收集整理等。针对核电厂安全重要系统、关键设备、共性老化机理编制老化管理分大纲，在老化管理数据库中对老化管理分大纲管理行动进行跟踪。

（3）SS-Ⅱ-03 防腐管理

核电厂通过人为采取措施干预材料与环境间的物理-化学相互作用，以避免或延缓材料、环境或由它们作为组成部分的技术体系的功能受到损伤。防腐工作按对机组安全、稳定、经济运行和对设备可靠性影响程度分为普通、重要两类。

1）普通防腐：设备的外部防腐及一般设备内部防腐工作；

2）重要防腐：关键和重要设备的内防腐工作，及核级防腐涂层的施工。

核电厂制定设备防腐蚀预防性维修大纲，对系统和设备的腐蚀监督和防腐工作进行长期规划。在设备腐蚀发生初期且尚未造成严重影响，或预期将发生腐蚀前，开展预防性防腐工作。防腐管理的要求和内容贯穿在设备设计、制造、储运、安装、调试、运行、维护等各个环节。设备防腐管理由管理、运行、维护人员共同参与并分工协作完成。所有与设备防腐相关的工作和流程符合设备管理和维护的基本要求、分工、流程。

防腐措施包括：环境治理、优化材料或结构设计、增加阴极保护、维持现状适时更换、开展防腐施工五类，针对不同措施类型配置不同实施审批流程。

防腐作业人员需按照人员培训和授权管理规定，完成人员培训，获得相应的年度工作授权或专项工作授权，获得设备防腐工作负责人授权。

（4）SS-Ⅱ-04 焊接管理

核电厂针对生产相关工艺系统管道缺陷设备部件检修处理等焊接活动需求，组织焊接技术分析、制定焊接技术方案、开发焊接检修工艺或设备、实施焊接等。焊接管理包括焊接材料管理、焊接工器具管理、焊接工艺评定管理、焊工培训考核、焊接施工管理、焊接文件管理与焊接信息管理等。

在开展现场焊接活动时，维修和变更改造工作的工作负责人负责协调和控制工作进度，并应对焊接及辅助工作人员的辐射安全和工业安全负责，按照相关规定确认工作票、专项安全工作计划、动火证等工作许可，现场焊接施工遵守相应的工业安全规定。开展核级设备焊接活动，焊接工艺方案经核安全部门审定是否向核安全主管部门申报认可。所有核级设备部件和非核级重要设备部件的焊接活动必须编制相应的质量计划并开展选点与质量见证工作，按照电厂要求开展质量计划编制审批、选点和现场质量见证等工作。

3.6.3 SS-OE 经验反馈与人因

核电厂通过对照法规和国内外良好实践，建立合适的经验反馈体系并有效运转，对外部重大事件经验和研究成果进行收集、评价，并采取经验反馈行动。经验反馈体系包括内外部时间经验信息收集，事件分级、开发纠正行动实施跟踪验证、定期开展内外部经验反馈评估等。核电厂通过开展人因管理，强化人员绩效管理，有效防范和减少人因失误，提高电厂安全运行业绩。

（1）SS-OE-01 经验反馈管理

经验反馈是指对核设施的事件、质量问题和良好实践等信息进行收集、筛选、评价、分析、处理和分发，总结推广良好实践经验，防止类似事件和问题重复发生。经验反馈管理业务流程主要包括状态报告管理、纠正行动计划开发、根本原因分析报告编写、经验反馈有效性评价、大修经验反馈工作开展，以及经验反馈应用等。

事件分析包括趋势分析、专题分析和重要时间分析。状态报告趋势分析，发现可能存在的共性问题和失误/失效规律，及早采取防范措施；专题分析通过已发生的多个类似事件来确定分析主题，可以来自事件趋势分析的结果，也可以根据状态报告系统识别出的弱项进行指定；重发事件的识别包括两部分，一是经验反馈专职人员在进行状态报告分配时进行初步识别；二是专业人员在开发状态报告时进行最终识别。

通过建立经验反馈指标体系来识别、评价经验反馈状态和效果。设定的指标主要有：状态报告按时签发率；纠正行动计划按期开发率；纠正行动按期关闭率；人因事件数量、重发事件等指标；

对已经发生的事件进行经验总结，并使这些经验得到有效的利用可以有效防止事件的重复发生，筛选有反馈利用价值的运行经验，并经提炼后编制成适合于工前会学习的经验反馈材料，在工作包准备流程中，直接引入经验反馈材料。

机组的大修活动是安全与生产活动最集中的阶段，是事件的多发期，也是电站经验反馈工作重要和特殊的时期。大修经验反馈包括大修前、大修过程中以及大修后经验反馈工作，将经验反馈材料或经验反馈提醒单引入大修工作管理流程，提供学习参考借鉴，减少重复事件的发生。大修项目包括状态报告/外部经验反馈纠正行动项目。

（2）SS-OE-02 状态报告管理

状态报告管理旨在保证电厂任何异常及对电厂生产管理活动有意义的状态都能得到及时的报告、记录、有效处理和反馈。状态报告按照事件的重要程度以及后果的严重性分为 A、B、C、D 四级。同一事件如果满足多个准则的判定标准，则判定为其中最高级别事件。分级准则：

A 级：导致严重的后果，包括威胁到反应堆安全，严重损失了机组能力因子，造成重大设备损坏，人员重伤或造成环境影响等的任何状态称为 A 级状态。

B 级：导致重大的后果，包括降低核电厂的安全性，影响或潜在威胁机组可用性，造成设备损坏和人员轻伤以上重伤以下的任何状态，重要的管理缺陷等称为 B 级状态。

C 级：导致一般性后果，包括潜在影响电厂安全，存在降低机组可用性风险、损坏设备风险等事件，或者与工业安全相关或辐射安全相关但未产生明显后果的一般事件，也包括那些未列入 B 级状态报告的管理问题等。

D 级：指简单的，明确的缺陷，这些缺陷只需处理无需进行原因分析，也不用制订纠正行动计划而只作为记录进行统计和趋势分析的状态。

满足 A/B 类事件分级准则的状态报告，按照经验反馈管理流程进行报告和处理。事件分级准则：

A 类事件：指核电公司层面关注的、导致严重后果的事件，其后果主要包括威胁反应堆安全，严重影响机组能力因子，造成重大设备损坏、人员重伤或造成环境影响等。

B 类事件：指三基地电厂或外部电厂发生的后果较为严重、具有群厂反馈价值的事件。

状态报告管理业务流程主要包括状态报告申请、状态报告定级和分发、状态报告处理。状态报告填报人提交状态报告，经签发人签发后生效进入状态报告定级和分发流程。电厂缺陷类的工作申请，在工作申请被批准后，会自动创建状态报告，进入状态报告定级和分发流程。在状态报告中创建纠正行动时，通过选择生产管理信息系统对象来关联对应的工单、变更、设备、文档等信息，纠正行动完成后，系统检查关联建立后才能允许关闭。

（3）SS-OE-03 核安全文化管理

国际安全咨询组（INSAG）在《核电安全的基本原则》中把安全文化的概念作为一种基本管理原则，表述为：实现安全的目标必须渗透到为核电厂所进行的一切活动中去。

国际安全咨询组（INSAG）出版了《安全文化》（INSAG-4）一书，对核安全文化作出了如下定义：核安全文化是指各有关组织和个人以“安全第一”为根本方针，以维护公众健康和环境安全为最终目标，达成共识并付诸实践的价值观、行为准则和特性的总和。中国奉行“理性、协调、并进”的核安全观，其内涵核心为“四个并重”，即“发展和安全并重、权利和义务并重、自主和协作并重、治标和治本并重”，它是现阶段中国倡导的核安全文化的核心价值观，是国际社会和中国核安全发展经验的总结。

核安全文化特征是监管部门倡导的良好行为方式和核安全文化评估活动的主要依据。包含八个部分：

① 决策层的安全观和承诺；

② 管理层的态度和表率；

③ 全员的参与和责任意识；

④ 培育学习型组织；

⑤ 构建全面有效的管理体系；

⑥ 营造适宜的工作环境；

⑦ 建立对安全问题的质疑、报告和经验反馈机制；

⑧ 创建和谐的公共关系。

（4）SS-OE-04 人因管理

人因失误是指因人的固有特性和缺陷，所导致的和期望的或规范的行为标准有偏差的行为，由这样的行为所产生的失误。核电厂通过开展人因管理，强化人员绩效管理，有效防范和减少人因失误，提高电厂安全运行业绩。

核电厂为实现人因管理目标，即建立人因管理工作体系，通过管理改进，查找并减少人因失误陷阱，培育坦诚、开放的人因管理工作氛围，培养良好的人员行为，以减少人因失误，避免重大人因事件的发生。通常采取的管理措施包括：

1）开发防人因失误工具，通过有效的宣传和培训，培养员工自觉使用防人因失误工具的良好习惯。

2）建立并提升人员行为规范，倡导规范的、良好的人员行为。

3）通过观察指导，持续强化人员行为规范。

4）鼓励员工主动报告人因失误事件和未遂事件，通过对所报告问题的有效分析与管理，不断减少人因事件。

5）鼓励员工查找现场的人因失误陷阱，不断改善工作环境。

6）优化人机界面，提高规程质量，完善防人因失误屏障。

7）积极对外交流并吸收转化良好实践，创新防人因失误管理，持续提升人因管理绩效。

核安全部门应建立人因管理指标体系，对电厂人员绩效状况进行监测，预测目前人员行为上的弱项，及时发现存在的隐患和偏差，防止重大人因事件的发生。人因管理指标有以下几点：无人因失误时钟复位、平均无人因失误事件天数、观察指导完成率、各项防人因失误观察项平均值等。

核安全部门应定期编制人员绩效报告，对各项人因偏差进行分类统计、趋势分析和评价，查找人因管理工作中的薄弱环节，识别不利趋势，并采取必要的管理手段和改进措施，不断提升和改进人员绩效。人因偏差的来源包括但不限于：观察指导记录、状态报告和内外部评估活动中产生的各项人因偏差。

（5）SS-OE-05 防人因失误工具使用

核电厂为防范和减少人因失误的有效手段，开发防人因失误工具，并鼓励员工自觉和正确使用。防人因失误工具包括：自检、他检、监护、独立验证、三向交流、遵守/使用规程、工前会、工后会、质疑的态度、不确定时暂停、2 分钟检查等。

（6）SS-OE-06 管理巡视和观察指导

核电厂管理人员对现场特定活动的实施过程进行观察和指导，观察指导需要提前联系和准备，重在通过指导工作人员的行为，持续提高人员行为规范，使其更加符合程序规定和管理期望。核安全部门对观察指导实施情况和发现的主要问题进行有效性评价，作为管理改进的参考和指导，保证人员绩效的持续改进。

（7）SS-OE-07 人员行为规范管理

核电厂各生产部门编制各领域从业人员及配合工作人员的行为规范，通过观察指导方式予以强化。人因管理工程师定期对观察指导中发现的行为偏差记录进行分析统计、趋势分析等，并组织改进。

（8）SS-OE-08 同行评估管理

同行评估是指在组织单位的统一组织协调下，由受评单位之外的同行专家组成的评估队，对受评单位的综合或特定领域进行的评估，找出待改进项和强项，并对待改进项的纠正行动进行跟踪或回访，以实现业绩持续提升为目标的管理活动。评估活动分为内部同行评估和外部同行评估，内部评估由核电系统内组织实施，外部同行评估由世界核电营运者协会（WANO）、国际原子能机构（IAEA）、中国核能行业协会（CNEA）等外部机构对各成员公司组织实施的同行评估。根据评估范围不同，各评估活动又分为综合评估和专项评估。其中，综合评估指针对公司运行安全的总体绩效或某些复杂的工作流程所进行的评估活动；专项评估指针对公司某一特定领域的绩效水平、管理状况或工作流程所进行的评估活动。

同行评估目的包括：

1）识别核电厂管理弱项；

2）对标国内外核电厂先进管理手段和方法；

3）防止核电厂自满情绪滋生；

4）持续改进核电厂管理弱项，不断提升业绩。

同行评估范围主要包括：

1）运行核电厂的功能领域（运行、维修、化学、技术支持、辐射防护和培训等）以及相关交叉领域（运行焦点、工作管理、设备可靠性、配置管理、辐射安全、绩效提升、运行经验、组织有效性、消防和应急准备等）；

2）在建核电工程的功能领域（项目整体管理、采购与合同管理、设计管理、设备监造、设备和材料管理、土建施工管理、安装施工管理、调试管理、生产准备、信息管理、培训和授权、质量保证、进度管理、投资控制、安全和环境管理以及风险管理等）；

3）其他领域，如核安全文化、备品备件、人员绩效、工业安全、外事管理和大修等。

同行评估的评估周期、现场评估流程、评估范围等具体要求参见评估组织方的评估管理导则或办法。同行评估的实施按照评估组织方通用评估流程，并根据评估类型和本公司自身情况，对流程进行适当调整后实施。业务流程通常包括：评估准备、组建评估组、编制现场评估工作指南、同行评估预访问、现场同行评估、审查评估初步报告、编制纠正行动计划、提交纠正行动计划、组织实施纠正行动、评估回访计划确认、同行评估回访、审查回访初步报告、编制回访纠正行动计划、组织实施纠正行动，评估结束。

同行评估活动待改进项、纠正行动计划等数据录入经验反馈系统跟踪管理和分析。

3.6.4 SS-FM 燃料管理

核燃料是核电厂的核心材料，涉及核电厂的安全、可靠运行。为确保燃料组件的质量，防止核燃料可能出现的意外临界、操作损伤和贮存运输损伤等安全事故，避免放射性物质的不可接受释放，并有效保证对核材料管理工作的规范化、系统化。根据燃料管理大纲要求，以对核燃料采购、运输、现场贮存、辐照运行、装卸及乏燃料发运等行使有效的管理。

（1）SS-FM-01 换料设计管理

核燃料包含铀原料、燃料组件/棒束、燃料相关组件。堆芯燃料管理的目标是保证燃料的有效利用，确保核电厂第一道屏障（核燃料包壳）的完整性，确保堆芯运行满足核电厂运行技术规格书的安全要求，使反应堆运行时满足核燃料设计和核电厂设计所规定的限值，确保安全使用反应堆中的核燃料。

换料堆芯设计与改进的控制包括有效的规范、设计、审查、批准、培训和实施。换料堆芯设计中任何安全准则或技术规范的更改都应经过充分分析与论证，并经国家核安全监督部门批准后，这种更改才能实施。燃料管理策略改进（如低泄漏、长燃料循环、先进燃料管理等），对所影响的相关因素进行充分的研究和论证，并获得国家核安全监督部门的批准。核电厂制定装换料大纲，并按照实际情况进行相应的修订，装换料大纲应经国家核安全监督部门批准，根据装换料大纲、大修计划与能量需求，制订合理的换料计划。对换料堆芯设计进行独立核算。核电厂对换料堆芯设计进行安全分析或评价，换料安全分析或评价报告应报国家核安全监督部门批准。

（2）SS-FM-02 堆芯监督管理

核电厂对堆芯与核燃料的运行实施有效的监督措施，确保核电厂现场运行管理与换料设计的一致性。堆芯监督管理业务包括反应堆启动物理试验、堆芯运行监督、燃料完整性监督。

核电厂制定堆芯管理的监测大纲和试验大纲，给出堆芯运行限值和堆芯安全系统整定值，运行期间定期监测相关物理热工参数，实施定期反应堆物理试验，堆芯参数应满足运行限值和安全准则。在反应堆启动、功率运行、停堆、试验和装料过程中，监测堆芯参数，以确定堆芯状态是否符合运行限值和条件，与限值不一致时，应采取适当行动使反应堆处于安全状态。实施反应堆运行燃耗统计，为换料堆芯设计提供依据。对燃料完整性应进行指标化管理（如 WANO 燃料可靠性指标等），并跟踪分析指标趋势。

从事堆芯与核燃料管理工作的人员应满足相应的岗位资质要求，经过相应的岗位培训与授权。

（3）SS-FM-03 乏燃料管理

乏燃料（或称乏燃料组件）是辐照达到计划卸料比燃耗后从堆内卸出，且不再在该堆中使用的核燃料。核电厂现场乏燃料贮存能力应满足核电厂换料的需要，实施乏燃料转运规划，签订相应的外运运输、贮存与处置协议。乏燃料转运的条件准备，包括现场运输条件、运输容器和相关操作设备、程序和人员培训等。乏燃料的运输应制定相应的运输监督、安全保卫和应急措施。

（4）SS-FM-04 核材料管制管理

核电厂核材料包括：铀-235，含铀-235 的材料和制品；铀-233，含铀-233 的材料和制品；钚-239，含钚-239 的材料和制品；氚，含氚的材料和制品；锂-6，含锂-6 的材料和制品以及其他需要管制的核材料。通过对核材料实施管制，保证对核材料的安全和合法使用，并且满足国家核材料管制的要求，相关管理要求遵照核安全法规。

核电厂按国家有关规定申请“核材料许可证”及按时提出“核材料许可证”换证申请。建立核材料衡算与控制系统、核材料实物保护系统，确保其有效性并满足相关法规的要求。核电厂核燃料管理活动接受并配合核材料管制活动。

（5）SS-FM-05 厂内燃料管理

核电厂内燃料管理包括现场核燃料计划、核燃料接收、核燃料贮存、核燃料操作转移堆芯装卸料、核燃料检查与修复、核燃料操作监督。

核燃料操作按照批准的核燃料计划实施，核燃料操作、检查与修复应在独立监督下完成。装换料期间，堆芯应实施临界安全监督。

（6）SS-FM-06 核燃料采购技术管理

核燃料采购管理为确保核电厂运行所需核燃料按照合格质量与进度供应。核燃料采购管理包括核燃料设计与验证，核燃料采购规划、计划与储备，核燃料采购合同，核燃料制造质量控制，核燃料验收、包装和运输。

核燃料设计符合 HAD 003/10、HAD 103/03 等核安全导则的要求，成熟的技术、有充分的设计验证依据。核燃料制造质量控制遵守核安全导则 HAD 003/10 的相关规定，核电厂运营者对核燃料制造实施驻厂监造，对核燃料制造全过程进行质量监督。制定核燃料验收大纲，按照大纲规定要求验收。

3.6.5 SS-TQ 培训与资格

核电厂通过建立培训体系，规范核电厂的培训政策和管理程序、培训组织机构和人员责任、培训方法及应用、培训资源管理、培训过程控制、培训体系有效性评价、培训记录控制等各项活动的管理要求。

培训资格是核电厂基于岗位培训大纲，对个人担任某岗位和履行所指派岗位职责能力的一种评价，员工独立开展工作前必须达到岗位所需的全部培训资格要求。核电厂操纵人员资格审查委员会负责全国核电厂操纵人员的执照考核工作。核电厂营运单位成立考委会，负责所在核电厂操纵人员培训与执照考核的实施。操纵人员申请者需经过培训并依次通过现场考试、模拟机考试、笔试、口试后，方可申请执照资格。

（1）SS-TQ-01 岗位培训大纲管理

核电厂对所有员工实施培训，使其具备资格，从而安全和有效履行其岗位职责和任务；遵照相关法律、法规和导则的要求实施员工培训和资格管理。按照系统化培训方法开展培训体系建设及培训的组织实施。培训部门策划开发标准化的培训体系，开展员工基本安全和通用培训、承包商人员基本安全等培训；建立操纵人员培训大纲，开展操纵人员取换照培训和考试工作。

核电厂基于岗位工作要求和电厂标准，结合入门条件要求、行业指南、运行经验、业绩提升、监管要求等设计岗位培训大纲。采用系统化培训方法设计培训流程，结合入学水平、培训方式并以一定顺序设计编排和建立课程模块、课程及课程的培训目标，形成完整有效的培训课程体系。

制定科学合理的培训管理指标对培训有效性进行综合审核，指标定期收集统计，分析培训有效性发展趋势。制定培训行为规范，对涉及培训的相关人员，包括教员、学员以及培训管理人员的行为进行规范性的管理，以保证各项培训工作的有效性。

（2）SS-TQ-02 培训材料及试题库管理

核电厂利用尽可能反映电厂实际工作和标准的程序、参考资料、工具、设备和工作绩效要求而得出培训目标，从而开发培训材料和明确考核方式。依据培训目标的重要性和复杂程度编制用于培训的教材、课件、试题、教学计划等。定期组织对培训材料的评估和审查，并依据跟踪电厂的变更技改，及国内外运行经验反馈、良好实践进行修订和升版。

（3）SS-TQ-03 培训设施管理

培训设施包含技能培训室、全范围模拟机设施等。

技能培训室是指在建有真实设施或模拟体的技能设施上，以执行、模拟或讨论操作的方式进行培训的场所。技能培训室应配置特定的场地、设施、工器具、辅助教学设施、针对性教材和其他培训材料；配备设施维护人员和教员。技能培训室配置及场地保证技能培训教学活动有效、安全的开展。

核电厂制定模拟机运行和维护的管理制度，规范模拟机系统的使用、运行、维护、差异修改、跟踪改造和升级改造管理，保证模拟机的可用性和一致性满足模拟机培训的要求。

（4）SS-TQ-04 培训教员管理

核电厂培训教员的管理包含教员培训、资格、聘任和考核管理。培训教员特指以专/兼职教员身份承担公司内部组织实施的全范围模拟机培训、课堂培训以及在岗、车间和实验室培训教学任务的人员（包括承包商兼职教员）。

培训教员必须具备教员基本素养和专业技术能力，技术能力方面具备所授课程相关岗位资格要求、相应的专业技术能力，并正在（或曾经）从事与授课内容相关的岗位工作。通过归纳总结教员岗位任务分析清单基础上形成教员培训大纲和培训目标，在完成相关培训课程并达到培训目标后，教员将基本具备成为一名合格教员所必须的全面工作能力。教员授课评价包括学员对培训实施情况的评价、教员资格初始评价、教员工作表现评价，以及培训观察报告等。全范围模拟机教员应参与模拟机的维护和升级。

（5）SS-TQ-05 员工培训与资格管理

培训资格是基于岗位培训大纲，对个人担任某岗位和履行所指派岗位职责能力的一种评价。对其能力进行评价时，培训资格可以作为具备能力的一种重要证明。在各岗位的描述中明确岗位资格的要求，通过教育水平、工作经验、身体适任性、培训和继续培训等规定必要的资格能力。开展岗位工作具备相应培训资格。在岗位培训大纲基础上，建立包括培训资格认定、培训和再培训，以及培训后考试考评在内的各类考核评价流程。在员工独立开展工作前必须达到岗位所需的全部培训资格要求。

（6）SS-TQ-06 承包商人员培训与再培训管理

承包商人员的授权资格要求，一般指承包商人员的初始资格和在核电厂参加补充培训后取得的补充资格共同组成；拟申请主要生产及生产管理类授权的承包商人员，依据电厂项目管理部门承包商人员补充培训要求接受补充培训或参照核电厂已有岗位培训大纲接受培训。申请生产辅助类授权和经营及服务类授权的承包商人员，根据项目管理部门的评估，接受有关岗位职责、作业风险、奖惩规定、操作规程等方面的必要补充培训。申请短期生产服务类授权的承包商人员，必须认真阅读核电厂入场安全须知或观看入场安全须知视频材料，对核电厂现场的基本安全要求进行全面了解，并应有电厂经授权人员全程陪同。申请各类专项授权的承包商人员，根据各专项授权的培训要求，接受培训和考核。

承包商定期对其人员进行继续培训需求的评估，评估时参考依据来源主要包括：培训记录审核、绩效评价、程序或设计变更、人员违章、经验反馈、核电厂的管理要求等。项目管理部门成立审核小组，根据外委合同技术规格书中的相关条款对承包商人员的初始资格进行审核确认，初始资格审核结束后，通过系统流程审核认可、填写初始资格确认单等方式完成承包商人员的初始资格确认。初始资格审查通过，完成核电厂基本安全培训以及其他补充培训，并考核合格的承包商人员，方可申请工作授权。

（7）SS-TQ-07 操纵人员培训与再培训管理

核电厂持照操纵人员培训、再培训必须制定满足国家法律、法规和导则要求的培训大纲并严格实施培训。核电厂值长领导力培训方面，明确值长具备的知识和技能，阐明值长在各项管理工作中承担的职责，包括运行决策、绩效管理、应急响应及经验反馈等。操纵人员基本功培训，明确操纵员所需使用的保障电厂有效运行的基本知识、技能、行为和实践，主要包括密切监视、精确控制、保守决策、团队合作以及对电厂的设计和理论有坚实的理解。

（8）SS-TQ-08 管理培训

电厂各级管理人员是公司战略的组织实施者，管理人员行为对组织的影响至关重要。核电厂管理培训是为电厂管理人员提供的管理技能培训，主要包括管理理念、管理程序、管理知识技能等方面的培训，以提升管理人员的管理水平和职业素养。管理培训课程一般分为新提拔干部管理知识培训、通用管理人员培训和专项管理人员培训，其中专项管理培训包括 INPO 领导力培训、核职业领导力培训等专项领导力培训课程。

基层管理者对象的培训课程设计重点进行专业技能、计划和组织实施能力、专业基础知识和管理专业知识内容，中层管理者对象的培训课程设计重点加强其在服从企业目标与战略的前提下，计划组织实施能力、分析与决策能力、经营管理基本理论。管理培训和评价按照培训计划实施，管理培训考核包括学习态度和掌握管理技能程度等，一般管理培训记录会作为干部考核任用、职务晋升依据之一。

（9）SS-TQ-08 技能培训管理

建立有效的技能类培训及考核的流程，制定明确的考核标准及合格要求，以确保学员掌握培训目标。根据职业技能鉴定的要求，建立核特有工种的技能鉴定实施的具体管理要求、技能鉴定流程。建立技能鉴定考评员的管理要求及聘任标准。

3.6.6 SS-PS 采购仓储

核电厂通过建立仓储管理体系，规范电厂工程、服务和物项的采购仓储工作。核电厂核级物项采购应严格遵守核安全法规 HAF 003《核电厂质量保证安全规定》及其相关导则的要求，非核级物项采购严格遵守 ISO 9000 质量体系要求。

（1）SS-PS-01 供应商管理

核电厂对供应商实行统一管理并建立统一的供应商信息库，实现一定范围内的信息共享，及时更新维护数据信息。建立供应商动态、量化考核管理机制，并实行差异化管理。建立供应商绩效考核或履约评价机制，考核或评价结果纳入采购活动评审。建立供应商违约行为处理机制，对重要和战略性采购事项，选择、培育战略供应商，保持长期稳定的战略合作关系。

根据物项功能的重要性、核安全要求等级、技术含量、对工程建设和生产运行质量安全的影响程度、采购规模和使用范围等因素，可将物项分为核心、重要、一般三大类别。提供相应类别物项的供应商对应为核心供应商、重要供应商、一般供应商。供应商管理采取注册登记和准入管理相结合的方式，针对核心供应商和重要供应商，实行统一的准入管理。注册供应商接受统一的准入评价，通过后成为“合格供应商”。合格供应商可查看并参与所有物项的公开采购项目，或受邀参与所有物项的邀请采购项目。

供应商准入评价是对供应商的产品和服务质量、技术能力、质保能力、商务能力等方面进行评价，以确保供应商实质具备供货所需的各方面关键能力，所供物项可确保满足工程建设、生产运行的进度、安全和质量的要求。电厂根据供应商供应物项的质量安全风险、技术难度、采购规模、地域限制等情况合理选择评价方式，包括现场评审、资料评审和备案评审。商务部门组织对供应商进行持续监督和考核，不良行为管理，评价结果不合格的列为未达标供应商限期整改，若未按期整改合格则暂停合格供应商资格。

（2）SS-PS-02 承包商现场管理

核电厂确定承包商的归口管理部门，指定承包商项目接口，协调日常期间承包商安全和协调等管理工作；项目接口部门对承包商人员资质或技能进行检查和考核，对承包商执行的工作进行监督、检查和验证，对外委项目进行质量管理；安全质量部门对承包商进行安全监督、检查及指导。承包商单位对现场承包商实施包括工业安全和消防、质量控制、现场管理等方面的考核。核电厂与现场承包商签订年度安全生产责任书，细化、分解、落实电厂年度安全生产目标指标。承包商年度安全生产责任书主要包括安全生产目标指标和安全生产责任两部分内容；安全生产指标根据承包范围确定，主要包括核安全、辐射安全、工业安全、职业卫生、消防保卫交通、环境应急、安全培训与授权、经验反馈、信息安全、质量、综合安全等安全专业领域的指标。

（3）SS-PS-03 采购计划管理

采购计划是采购工作的基础，原则上不允许无计划采购和超计划采购。采购计划的编制在平衡利库的基础上，充分考虑项目进度、采购周期、供货周期等因素，确保采购工作的集中性、准确性、及时性、前瞻性；根据当前库存、在途数量、不同物资、工程和服务的采购周期，提出合理需求，并预留合理的采购时间。采购计划分为两类集中采购和自行采购计划，日常采购计划分为年度计划、季度计划和月度计划，主要以年度计划和季度计划开展管理工作，定期进行采购计划执行情况跟踪。

核电厂制定紧急采购管理制度，明确紧急采购判定规则、标准、审批流程及采购流程，全年紧急采购总金额原则上不能超过全年实际采购总金额的5%。

核电厂采购活动遵守国家有关法律法规，遵循公开、公平、公正、择优、诚实守信、规范高效、保障供给的原则。电厂将采购绩效管理应纳入电厂绩效考核体系，按照采购绩效管理及考核相关制度开展部门绩效管理与考核。

（4）SS-PS-05 招投标管理

核电厂采购活动遵守国家有关法律法规，遵循公开、公平、公正、择优、诚实守信、规范高效、保障供给的原则。采购方式分为招标采购方式和非招标采购方式，其中招标采购方式一般包括公开招标采购和邀请招标采购，非招标采购方式包括竞争性谈判、询价、竞价和单一来源采购。采购的组织形式分为集中采购和自主采购，其中集中采购纳入上级单位集中采购目录内的采购项目，自主采购指由电厂自行开展的采购活动。集中采购以降低采购成本，提高经济效益，保障物资质量，加强风险防控为目的。

（5）SS-PS-06 物料主数据管理

核电厂供应链主数据是指在商务采购管理业务中需要跨系统、跨部门进行共享的核心业务实体数据，主要包括物料主数据、服务主数据、供应商主数据、制造商主数据等。采购管理部门制定物料主数据标准及管理流程，包括编码规则、属性及约束信息、管理流程、集成需求、用户范围等。物资编码规则一般分为物资分类编码和物资编码，物资分类编码采用层次型代码结构，一般分为大类中类小类三级编码，物资编码采用流水码。物资主数据管理业务流程包括申请新增和数据修改，按照电厂规范配置业务审批流程。

（6）SS-PS-07 库存控制管理

核电厂实施物资库存管理及控制，建立物资库存控制制度及措施，以使库存控制在经济合理状态。库存控制即为达到公司的财务运营目标，通过优化上游的需求管理及计划控制、中间的供应链管理（采购与供货安排）、下游的仓储管理及领用出库等流程，合理设置控制策略，建立有效可行管理制度及考核追责机制，辅之以相应的信息处理手段、工具，使库存储备保持在经济合理的水平上，满足使用部门的需求的同时尽可能实现低库存水平，减少库存积压与报废、贬值的风险和损失，以及减少库存管理成本。

库存控制按库存重要性及必要性、物资的采购周期、缺货风险等因素，分为关键必备物资、常规储备物资、定额储备物资、随用随订物资等。

库存控制实施源头严控、定额管理，需求提报阶段（或设计阶段）是库存控制链条的上游，实施重点控制和严格审查。上游源头的需求大小及领用多少决定库存的高低，下游的仓储管理统计反馈库存的高低。物资储备定额为采购需求提报提供依据支撑，电厂建立物资库存储备定额及系统并持续优化。库存控制管理纳入部门绩效考核，科研、工程改造及技改项目的工程余料，由于需求不准确导致的物资闲置积压，将按照库存控制管理原则纳入考核。

核电厂按储备物资分类对物资储备规模、储备周期、采购周期、消耗速度等进行技术经济分析，将分析结果反映到储备定额或物资储备清单中。建立需求提报的标准化，如将备品备件的需求计划与维修工作包相关联；采购申请部门按照库存物资的不同分类，结合所需物资的库存定额（或储备清单）、当前库存、在订数量、在途数量等编制需求量及需求时间，进行必要性和合理性分析。建立备品备件与主设备关联关系（BOM），根据 BOM 数据清单，提供物资采购计划性及领用准确性，避免物资积压。

（7）SS-PS-08 仓储管理

核电厂仓储管理是指仓储操作活动的管理，即物资到货接收、检验、出入库、货位变动管理、库存盘点、维护保养、库存信息统计等，仓储管理是库存控制链条中的一部分、下游的一个环节。仓储管理业务流程包括标识管理、存储与保养管理、装卸及搬运管理、库区安全管理、运输管理和盘点管理；标识管理指库区标识标牌、库房标识、货位标识、物资标识，货位标识按统一的编码规则进行定位标识，物资应按最小包装统一规范进行标签标识，库存 SPV 备件的实体标签标识中必须体现 SPV 标志；物资存储根据特性进行分类、分区，专仓专储，一般按不同储存等级分级储存管理；仓储部门按计划实施物资盘点。

（8）SS-PS-09 库存物资管理

库存物资包括常规储备物资、特殊/战略储备物资和因各种原因形成的积压物资及工程余料，核电厂开展库存物资的管理，旨在明确库存物资的管理要求，保证库存物资存储期间的质量和品质。库存物资存储要做到帐物相符；制定库存物资保养工作计划执行维护保养，按照库存物资盘点工作计划执行物资盘点，核实物项的数据信息、实物数量、存储位置、外观质量等内容。

3.6.7 SS-IT 信息文档

核电厂通过开展标准化的企业架构管控，统一架构规划、统一业务标准、统筹项目设计建设和实施，规范网络安全、信息化以及两化融合工作的体系化开展，落实信息化项目建设的全周期统筹管控、网络安全等级保护、关键信息基础设施保护、数据安全保护和自主可控等基本要求，满足各上级单位的网络安全和信息化工作监管要求。

（1）SS-IT-01 企业架构管理

企业架构是构建企业业务蓝图的路径、方法、原则及指导构建信息系统的方法与原则，包括业务架构和IT架构两部分，业务架构主要指企业的管理模式，包括企业的组织架构、流程架构、业务组件、治理模式等；IT架构是业务架构与信息系统构建之间的桥梁，是信息化建设的综合框架和蓝图，指导信息化规划、选型、建设的决策，IT架构由数据架构、应用架构和技术架构组成。核电厂实施企业架构管控，规范信息化管理相关的业务、应用、数据、技术架构以及相关的管理过程，推动架构管控体系的落地，确保信息化发展目标与公司战略发展相一致。电厂企业架构管控组织机构一般包括网络安全和信息化委员会、信息文档部门和电厂业务领域主管（SFAM）。

架构管控流程包括信息化开发需求架构评估流程、架构遵从检查流程、架构例外处理流程以及架构演进规划流程。信息化需求架构评估流程是在现有信息化需求申请流程的基础上，根据企业架构管理的要求，从企业战略、业务目标和必要性、信息化如何提供技术支撑的角度对影响架构的信息化需求进行架构评估的过程；架构遵从检查流程是按照架构管控的要求对信息化项目发起架构遵从检查的过程，目的是确保信息化架构在公司范围内的各项信息化活动中得到有效的落实。架构遵从检查的范围包括信息化开发项目、信息系统重大需求变更及信息化基础设施等；架构例外处理流程是在信息化项目建设过程中，在无法通过架构遵从检查的情况下，提出遵从例外申请；架构演进规划流程适用于架构管控人员基于当前信息化现状与发展目标差异情况，定期开展架构的演进路线分析，并编制演进规划报告的过程。

（2）SS-IT-02 信息资源管理

信息资源管理是指管理者为达到预定管理目标，运用现代化的管理手段和管理方法来研究信息资源在业务活动中的利用规律，并依据这些规律对信息资源进行组织、规划、协调、配置和控制活动。核电厂实施信息资源管理，保证信息资源的开发利用在有领导、有组织的统一规划和管理下协调一致、有条不紊地进行，各类信息资源以高效率、高效能和低成本在发展和管理提升中发挥应有的作用，达到最大化发挥信息资源价值，优质、高效服务企业发展全局的目的。

根据信息资源产生方式、属性特征及存在形式的不同，将信息资源分为非结构化数据信息资源、结构化数据信息资源、实时数据信息资源和声像信息资源。信息资源存储是将信息从无序集合转换为有序集合，按照一定的规定记录在相应的信息载体上，并将这些载体按照一定的特征和内容性质组织成系统化的检索体系。核电厂统一汇总、分类、存储并发布电厂范围内的信息资源，动态维护资源目录结构。

信息资源建模是从企业整体的业务、经营和管理活动出发，描述在这些活动中所包含的各类信息和各类信息之间的关系。信息资源模型以业务架构作为输入，为信息系统应用架构提供输出，借助信息系统技术架构落地。信息资源建模方法与数据架构建模方法相同，差异在于信息资源模型在数据结构模型的基础上需要增加对采集方式及策略、存储及潜在需求对象等内容的描述，其目标是建立覆盖整个业务范围的逻辑信息模型，建模的方法及过程主要是结合信息资源管理的现状，构建模型框架、丰富模型实体属性及完善模型之间的关联关系。建立信息资源质量评价指标体系，包括信息资源内容评价指标、表达形式评价指标、系统评价指标和效用的评价指标，对数据资源质量进行测度、评判和估计。

（3）SS-IT-03 网络安全管理

核电厂网络安全管理的目标是建立健全网络安全保障体系和工作责任体系，提高网络安全防护能力和水平，确保信息化业务连续性。网络安全管理遵循“同步规划、同步建设、同步投入运行”，即“三同步”原则，安全防护措施建设应与信息系统建设同步开展；选用符合国家有关规定、满足网络安全要求的信息技术产品和服务，开展信息系统安全建设或改建工作；规划设计信息系统时，应明确系统的安全保护需求，设计合理的总体安全方案，制定安全实施计划，实施安全建设工程。核电厂网络安全坚持执行信息系统安全等级保护制度，按照国家有关部门要求开展网络安全等级保护工作，落实安全等级保护基本要求，以实现等级保护为基本出发点进行安全防护体系建设。定期开展网络安全防护风险评估和等级保护测评，实施安全建设和整改。

网络安全事件是指人为或自然的威胁利用网络与信息系统及其管理体系中存在的脆弱性导致的不安全状况。核电厂网络安全事件是指由于人为原因、软硬件缺陷或故障、自然灾害等情况对网络和信息系统或其中的数据造成危害，对社会造成负面影响的安全事件。网络安全事件参考信息系统的信息密级、业务影响、资产损失和声誉影响程度分为特别重大、重大、较大、一般四个级别，电厂建立网络安全应急机制，制定网络安全应急预案并定期开展应急演练，预防网络安全事件发生、降低网络安全事件影响。电厂将网络安全纳入安全生产实施考核。

（4）SS-IT-04 信息化项目管理

信息化项目管理业务流程包括信息化项目立项管理、实施管理、项目转运维以及验收和后评价管理。信息化项目应符合信息化规划等顶层规划设计，根据业务需求开展信息化项目立项准备工作，包括项目评审、项目筹备、采购立项等。信息化项目的实施包括项目组织、项目进度、实施过程、质量管理、风险股管理、变更管理等，项目组织一般由 IT 部门和业务部门组成，信息文档部门负责项目管理，业务部门参与蓝图设计审查、项目实施等。项目最终验收完成后，由信息部门组织评审专家或委托第三方机构从技术水平、业务价值、项目过程管理、项目总体效益等方面对项目发起评估，评估结果作为考核依据，也可为后续其他项目提供参考依据。

（5）SS-IT-05 IT 系统管理

IT 系统管理包括 IT 基础设施、基础平台系统、应用系统、网络系统、终端及系统数据的管理。根据应用系统的重要性、系统用户范围、系统故障要求响应时间、安全等级等影响，应用系统从高到低分为关键系统、重要系统、一般系统三级进行管理。根据网络设备对核心应用系统的重要性、用户范围、设备故障要求的响应时间、安全等级等影响，网络设备从高到低分为关键设备、重要设备、一般设备三级进行管理，IT 系统在技术文件管理、运维管理、健康管理、IT 人员配置等方面实施分级管理策略。

IT 技术文件包括系统设计、系统安装配置、系统源代码、系统管理规程、用户操作手册等，由系统管理工程师负责建立与维护。关键应用系统在系统投用前必需建立这些技术文件。

信息系统执行网络安全等级保护，按照网络安全等级保护要求执行系统的定级、评估、安全建设、整改、测评备案等工作。安全评估中发现的网络安全隐患及时整改并进行记录。定期对 IT 系统进行健康及可用性评估，评估完成后编写评估报告。

（6）SS-IT-06 IT 服务管理

IT 服务管理的总体目标是以 ITSS 信息技术服务体系为指导，为 IT 用户提供安全、优质、可靠的 IT 服务，持续改进，不断提升用户满意度。核电厂 IT 服务管理采取整体规划、分步实施的原则，在确立服务目标的前提下逐步完善。IT 服务管理的服务支持流程包括：服务台管理、事件管理、问题管理、知识管理、变更管理、配置管理等。

通过建立 IT 运维管理平台和 IT 资源库（知识库、配置库、备件库等）支撑 IT 服务管理的运行，通过集中管理，规范 IT 服务管理流程，有效管理基础设施、桌面系统、应用系统的配置信息，对 IT 事件、问题、变更实现主动管理。IT 服务对象一般指经授权使用信息部门所提供信息系统、信息终端设备、网络及基础环境的机构及个人，包括通过合同约定提供 IT 服务的其他企业法人及其员工。IT 服务内容及范围通过建立 IT 服务目录进行规范及明确，服务目录包括业务服务目录与技术服务目录；业务服务目录须明确为用户所提供服务的内容、级别、提供方式等；技术服务目录须将运维工作进行分类，对工作内容与服务指标进行明确。信息部门负责 IT 服务目录的更新维护。IT 服务台负责 IT 事件管理流程、变更管理流程的发起、记录、跟踪和反馈，负责部分事件的处理，以及 IT 服务质量跟踪调查及用户反馈。事件管理流程包括事件识别与记录、事件分派与初步支持、事件调查与诊断、事件解决与恢复、事件关闭五个环节，一般由服务台、系统管理员和外部服务商分级提供技术支持。问题管理的目标是主动识别和分析事件的原因，并采取预防措施，减少事件重发、频发的数量，以降低事件和问题对业务的影响，问题的来源包括事件触发和主动分析。知识管理的目标是建立运维知识库，通过知识库提供有效的解决方案与信息，提高事件、问题、变更的处理效率。

为保障系统验收后的稳定运行，对信息化系统运维移交进行规范管理。运维移交是系统从建设进入运维阶段的过程，IT 服务的启动和导入阶段包括系统的上线（切换）、试运行及验收等环节。系统上线后所有的事件、服务请求与变更通过 IT 用户服务台统一受理，运维管理工作须遵循 IT 服务规定。运维团队将负责系统的运维管理工作，更新服务目录，并对相关运维服务指标负责。信息部门制定 IT 服务指标，日常开展包括服务级别协议所涉各项指标监控、用户满意度调查等，实施 IT 服务质量监督和服务绩效考核。

（7）SS-IT-07 文档编码管理

核电厂针对生产阶段技术和经营管理活动中产生的生产技术文件、管理程序、合同、信函、会议纪要等各类文件开展编码工作，便于文件的分类组织管理、查询检索和利用，以促进文件的规范化和信息化管理。

核电厂建立统一标准化文件编码体系，每个文件条目拥有唯一的编码。核电文件一般分为技术与管理二大类文件。文件一般进行分段编码，每段代码主要揭示文件的适用范围、具体针对的系统设备结构或领域对象、文件的内容性质和序列号。技术文件是核电厂文件的主体。在核电项目的初期，业主规范统一的文件编码规则体系，全程使用于工程与生产阶段，注意生产文件与工程文件的衔接。

生产技术文件的标准化编码为四段码结构示例：机组代码+SSCs 代码+文件类型代码+文件序列码。技术文件类型代码结构为主类型+子类型，主类型分为技术大纲与导则，技术规程，图册，技术手册与规范，技术活动记录与报告五类，子类型按照电厂领域编码。

（8）SS-IT-08 记录管理

核电厂针对在电厂运营期间产生的与生产活动直接相关的各种记录实施归档管理，明确记录的质量要求和归档范围，以及记录的接收、整理与移交等方面的要求，以维护记录的完整性、准确性、系统性和有效性。核电厂记录文件指在电站运营期间产生的与生产活动直接相关的记录，这些记录一般来自运行、维修、燃料操作、技术、化学、辐射防护、核安全管理及其他与电厂安全、稳定运行有关的工作中。

记录管理业务流程包括记录产生、记录整编、标识、生效、保管移交和归档。核电厂记录制度遵守国家核安全法规的要求，在系统、构筑物和部件的设计、建造和运行中所使用的公认的有关规范、标准和技术条件的要求。电站活动形成记录的要求在其相应的管理程序/操作规程中予以规定，包括其记录类型、内容和格式等。记录必须在注明日期并经授权人员签字、盖章或作其他鉴定后方能生效。

核电厂永久记录是对下列一项或几项具有重要价值的记录：证明安全运行能力；使物项的维修、返工、修理、更换或修改得以进行；确定物项发生事故或动作失常的原因；为在役检查提供所需要的基准数据；便于退役。已生效记录应由产生或使用责任部门管理，编制记录收集、保管目录清单，以便于记录检查和备查。永久记录和保存期限 10 年以上的定期记录向文档部门办理移交归档，一般运营和技术管理工作中产生的记录应在工作完成后的第二年一季度移交，机组大修、技术改造、科研开发工作产生的记录在任务完成 6 个月或项目验收前移交。文档部门根据电站实际情况建立记录管理类目表并定期维护和更新。

（9）SS-IT-09 文件归档管理

核电厂文件归档的范围包括反映公司经营管理、工程项目建设和生产运营的重要职能活动、记载职能活动的主要过程和现状、具有查考利用价值的文字、图表、声像、光盘、射线底片、实物等各种载体文件材料，均应收集齐全，整理立卷后移交归档。根据核电安全监管要求和文件归档特点，档案保管期限分为永久和定期两种。反映公司主要职能活动和历史面貌，对本企业、国家和社会有长远利用价值的文件归档，列为永久保管。涉及核安全的文件，均作为永久档案保管。反映公司一般工作活动，在一定时间内对本企业各项工作有参考价值的文件归档，列为定期保管。定期保管档案的年限可根据其利用价值细分。

文件的收集、积累、整理、立卷和归档与工程建设、生产运营和公司经营管理活动的立项准备、建设施工、活动开展、竣工验收同步进行。在开展实体交竣工验收、设备出厂验收和开箱验收、成果验收、生产运营活动及管理活动总结时，同步开展档案的验收。

核电厂内部各部门产生的归档文件，由职能部门按照文件归档范围及年度归档组卷计划实施文件整理、组卷工作，并在规定时间内向文档部门进行移交；业务部门负责监督、指导接口承包商在单项工程实体完成后三个月内将项目文件或成果文件整理组卷归档移交。文档部门制定合同立卷归档、设备交工文件归档整理、建安工程交工文件归档整理、调试文件归档整理、维修报告编写文件归档整理等规定，规范合同、设备、建安、调试、维修等其他文件的组卷归档整理。所有具有查考利用价值的各种载体的文件，应收集齐全、完整，确保归档文件完整、准确、系统、有效。

文件归档整理包括文件分类、整理分卷、卷内文件排列、案卷编目和案卷制作。所有应归档文件，根据文件的性质和内容，分别按年度、项目的单项或单位工程、专业或系统进行整理立卷。归档文件编制相应的归档文件目录，归档文件目录设置件号、文件编号、责任者、文件题名、日期、页数、备注等项目。

（10）SS-IT-10 知识管理

知识管理是指组织通过对组织内外部知识的获取、存储、传递和应用活动进行管理和利用，以达到提高组织创造价值的能力这一目的的过程。IT 知识管理流程根本目的是建立符合 IT 运维服务的知识管理体系，确保在正确的地方，为正确的人、正确的时间提供正确的信息，帮助解决事件或问题。知识管理业务流程包括建立独立的知识管理流程，为运维和服务人员提供完善的知识提交和查询环境；服务台及 IT 运维人员在解决事件的过程中，要充分利用知识库中的相关经验，以提高事件解决的效率；定期回顾和产生知识管理报表，对提交的知识和知识的利用情况进行统计；每年对知识管理流程的流程关键衡量指标、流程执行效率、流程支撑工具的有效性等进行回顾，以改进和优化流程。

IT 知识管理业务业务流程关系包括：事件管理流程，在恢复服务后，记录事件处理过程，总结事件处理经验，将经验转化为知识；问题管理流程，查找问题根本原因，并将已查到根本原因的问题提交到知识库；通过成功实施解决方案解决问题根本原因，将解决方案纳入到知识库中；发布管理流程，通过发布管理流程，将成功发布的解决方案纳入到知识库中；日常运维管理流程，将日常运维工作过程中总结的经验转化为知识。

3.6.8 SS-OH 职业健康

核电厂按照《中华人民共和国职业病防治法》以及国家职业健康法律法规开展职业健康管理，建立职业健康管理的组织体系，制定职业病防治计划和职业健康安全目标、指标和管理方案，实施员工职业健康检查和工作适应性评价，建立职业卫生档案，开展职业病危害因素识别、确定、检测与评价，建立和维护员工个人剂量检测数据库，采用有效的职业病防治技术减少职业病危害。

（1）SS-OH-01 职业病危害因素检测与评价

职业病危害是指生产经营活动中发生的造成急性职业病或职业性炭疽的突发事件。职业病危害事故分为以下三个等级：

1）一般职业病危害事故：发生急性职业病 10 人以下的；

2）重大职业病危害事故：发生急性职业病 10 人以上 50 人以下或者死亡 5 人以下的，或者发生职业性炭疽 5 人以下的；

3）特大职业病危害事故：发生急性职业病 50 人以上或者死亡 5 人以上，或者发生职业性炭症 5 人以上的。

核电厂建设项目可能产生职业病危害因素的，在可行性论证阶段依法进行职业危害预评价；职业病防护设施与主体工程“同时设计、同时施工”，依法进行自主验收合格后，与主体工程“同时投入生产和使用”；核电厂开展工作现场职业病危害因素的日常监测，委托符合国家资质要求的单位定期开展工作场所职业病危害因素的检测与评价；根据检测及评价结果，提出改善劳动条件的卫生学措施和健康防护措施；

核电厂在存在职业病危害因素的工作现场，配备有效的防护设施、应急救援设施和必要的监测报警设备，张贴有关提示信息，为员工提供职业病危害个人防护用品；将工作现场职业病危害信息如实地告知现场作业人员、相关外协单位人员和到现场参观、交流学习等人员；

按照国家有关规定，核电厂向所在地设区的市级人民政府安全生产监督管理部门申报职业病危害项目；原申报内容发生变化及时进行变更申报。通过内外部监督、同行评审、自我评估和经验反馈等方式，实现职业健康安全绩效的持续改进。

核电厂组织实施员工上岗前、在岗期间、离岗时和应急或事故状态时的职业健康检查，确保员工满足岗位健康要求。委托符合国家相关法律法规要求的单位对接触职业病危害因素的员工，按照职业病危害因素接触情况分类实施职业健康检查；委托符合国家相关法律法规要求的单位开展员工工作适应性评价；告知员工职业健康检查和评价结果；建立个人剂量监测数据库和员工职业健康监护档案。

职业健康监护档案内容包括：职业史、职业病危害接触史、就业前的健康检查记录、历年的健康检查记录、异常照射的医学干预记录、过量照射人员的医学随访记录、职业病的诊治记录等。电厂保存员工职业健康档案。

（2）SS-OH-02 职业健康检查

根据《职业健康监护技术规范》（GBZ 188—2014）的要求，核电职业健康检查包括上岗前、在岗期间、离岗时及应急或事故状态职业健康检查。

1）上岗前职业健康检查：发现其是否存在核电职业禁忌症，建立人员基础健康档案。上岗前职业健康检查均为强制性职业健康检查，在上岗前完成，无职业禁忌的人员方可从事相关岗位工作。

2）在岗职业健康检查：早期发现职业病病人或疑似职业病病人或其他健康异常改变；及时发现有职业禁忌症的人员；通过动态观察群体健康变化，评价工作场所职业病危害因素的控制效果。

3）离岗时职业健康检查：确定其在停止从事与职业病危害因素相关岗位时的健康状况。对未进行离岗时职业健康检查的劳动者，不得解除或者终止与其订立的劳动合同。

4）应急或事故状态职业健康检查：在职工遭受或可能遭受较大程度非正常状态职业病危害因素损害的情况下，对其进行紧急职业健康检查，确定在该等情况下的损害情况或未采取后续对症措施提供依据。

（3）SS-OH-03 职业健康工作适应性评价

核电厂员工的工作适任性评价工作主要分为放射性工和非放岗位人员工作适任性评价，电厂规范职业健康工作适任性评价的流程和要求，确保接触职业病危害因素岗位工作人员健康状况适任于所从事的工作。电厂根据接触放射性、噪声、高温、氨、氯气、酸雾等职业危害因素工作岗位的判定标准，确定需进行职业健康检查和工作适任性评价的人员；审核职业健康体检及评价机构出具的工作适任性评价文件；向培训部门反馈取换照操纵员的工作适任性评价结果及说明文件；跟踪员工职业健康检查和工作适任性评价结果，及时调整罹患职业病、职业禁忌证的员工的工作岗位或工作内容，分析职业健康检查和工作适任性评价统计结果，编写年度职业健康检查报告。

电厂承包商单位对各自单位职工的职业健康管理工作负责，组织职业健康检查及工作适任性评价，保证本单位职工身体条件满足所在岗位工作健康要求；制定职业健康监护管理制度，接受保电厂组织的对承包商单位职业健康监护工作执行情况的监督检查，放射性工作岗位员工凭保健物理部门出具的放射性工作健康证明申请办理 RP 授权，承包商单位将接触噪声、高温、氯气、酸雾等职业病危害因素岗位职工参加职业健康体检后，将由体检医院出具的工作适任性评价结果交电厂保健物理部门登记备案。

（4）SS-OH-04 职业病防治

核电厂建立职业健康安全管理体系开展职业病防治等工作，电厂严禁使用国家明令禁止使用的可能产生职业病危害的设备或者材料；配备职业病防治设施、设备和防护用品；开展职业病防治宣传和培训，提高员工职业病防范意识和能力；开展职业病危害因素检测、评价和职业健康监护；保证核电厂的安全运行，最大程度地减少职业病危害因素对员工健康的影响；按辐射防护最优化原则对辐射工作人员受照剂量进行有效控制，保证满足国家规定限值及电厂管理目标值。

核电厂建立职业病和疑似职业病报告流程，建立与本公司职业病危害因素相关的职业病鉴定机构目录（包括单位名称，地址，联系方式等必要信息）；发现疑似职业病例或职业病例时及时报告；为职业健康监督管理部门提供调查所需资料。

（5）SS-OH-05 职业病危害事故处置与报告

核电厂通过规范职业病危害事故应急处置和事故报告管理工作流程，及时报告、调查和处理职业病危害事故，以最大限度降低职业危害事故造成的损失。员工发生职业病危害事故时，根据情况尽快采取应急救援措施和控制措施，并以书面形式报告地方职业健康管理部门，积极组织或配合调查，根据调查的结果，制定相应的整改措施。处置措施包括：

1）停止导致职业病危害事故的作业，控制事故现场，防止事态扩大，把事故危害降到最低限度；

2）疏通、撤离作业人员，组织泄险；

3）保护事故现场，保留导致职业病危害事故的材料、设备和工具等；

4）对遭受或者可能遭受急性职业病危害的劳动者，及时组织救治、进行健康检查和医学观察；

5）舆情管理；

6）进行事故报告；

7）配合职业病防治监督部门进行调查，按照要求如实提供事故发生情况、相关材料和样品；

8）落实职业病防治监督部门要求采取的其他措施；

9）开展事故调查，进行事故原因分析，完成事故处置总结报告。

（6）SS-OH-06 医学急救

核电厂建立医学急救管理体系和报告、处置流程，及时有效地进行医学干预和处置，减轻职业病和职业病危害事故的后果。建立医学急救值班和医学干预、处置设备、器材和物资材料的管理制度，通过医学急救人员培训和组织医学急救演习，保证医学急救能力。建立医学急救后援体系，保证在发生超过现场干预能力的情况下，病人可得到及时、有效的救治。

3.6.9 SS-EM 环境保护

环境保护管理包含环境监督管理和环境监测管理两项子流程。通过建立流出物监测、排放管理体系，环境监测和环境保护管理体系，规范核电厂环境的监督管理和环境监测管理；建设符合要求的三废处理设施、流出物和环境监测设施，通过管理和技术手段，控制“三废”产生量，实施废物最小化，并通过优化排放措施合理降低污染物排放；制定应急预案和现场处置方案，预防和杜绝异常排放/污染环境事件发生；建立环境管理体系，提升核电站环境绩效。

核电厂突发环境事件是指由于污染物排放或自然灾害、生产安全事故等因素，导致污染物等有毒有害物质进入大气、水体、土壤等环境介质，突然造成或可能造成环境质量下降，危及公众身体健康和财产安全，或造成生态环境破坏，或造成重大社会影响，需要采取紧急措施予以应对的事件，主要包括大气污染、水体污染、土壤污染等突发性环境污染事件。按照《国家突发环境事件应急预案》，突发环境事件分为特别重大、重大、较大和一般四个等级。

（1）SS-EM-01 环境监督管理

环境监督管理主要包括放射性三废管理，即放射性流出物排放管理、放射性流出物监测、放射性固体废物管理。放射性固体废物处理流程包括废物收集、分类、处理、监测、贮存、转运等环节，通过标准化的业务流程设计，采取合理可达措施，实现废物最小化。

环境监督管理部门制定环境监督检查计划，根据检查计划组织检查工作，发现环境异常填写状态报告通报环境监督管理部门，责任部门进行分析处置，环境监管部门跟踪确认。监督检查的内容具体包括放射性流出物排放监测与控制、环境辐射监测、放射性固体废物管理/医疗废弃物管理、化学品（含危化品）管理、非放射性生产废水排放管理、生活污水/生活垃圾管理、工业废物/建筑垃圾管理。环境监督检查的项目包括环保设施、设备运行情况，程序及执行情况，监测数据的有效性、人员资质和台账记录的完整性。

环境监督检查形成的记录文件有监督检查记录、专项环境监督检查报告和年度监督检查总结报告。

（2）SS-EM-02 环境监测管理

核电厂环境监测管理主要包括辐射环境监测、非放环境监测以及气象观测，通过规范人员配置、设施设备（实验室）、文件记录报告和监测过程管理，实施质量控制，有效开展厂址辐射环境监测、非放环境监测、气象观测等活动，确保监测结果可靠、监测过程可控、监测方法有效。辐射环境监测检验电厂运行在周围环境中造成的辐射和放射性水平是否符合法规，并对核电厂引起的环境辐射的长期变化趋势进行监视。非放环境监测对环境中除放射性污染源以外的其他非电离辐射污染源进行的监测以及对厂址温排水、海洋生态开展的专项调查等活动。

核电厂环境监测采用国家标准或行业标准方法进行样品的采集、处理、分析、测量，保证监测结果准确可靠；按照环境监测质量保证规定进行监测全流程控制，确保监测结果可信度；报告环境异常情况，实施辐射环境质量评价。辐射环境监测、非放环境监测按照监测计划执行形成定期监测报告，监测报告包括监测介质和监测项目、监测布点、监测方案、监测方法、监测结果及分析评价、监测质量保证、结论等内容。气象观测报告包括气象观测站点和设施的信息、观测项目、质量保证、观测结果以及各站点数据获取率的统计等内容，发生灾害气象及时信息发布。

环境保护部门依据电厂辐射环境监测大纲开展辐射环境监测。辐射环境监测（采样）点位要与运行前环境调查保持适当比例的同位点，环境介质、监测内容原则上与运行前环境监测相同，环境 γ 辐射水平的调查范围的半径不少于 20 km，在厂址周围的十六个方位的陆域至少布设一个环境 γ 剂量率连续监测站点，在核电厂烟羽应急计划区范围内，主导下风向适当增加布点。各连续监测站点数据实时传输至数据采集中心，年度数据获取率应大于95%。在失去外部电源的情况下应保证较长时间的数据采集和传输能力。根据监测技术的进步、厂址周边可能的环境变化定期优化辐射环境监测大纲，并报送生态环境部。定期向管理部门报送辐射环境监测报告。

环境保护部门依据电厂非放监测程序，对电厂各排污口和周边环境实施非放监测。非放监测的内容包括：各生产单元取排水口水质监测、生产废水、生活污水的水质监测、厂界环境噪声监测、工频电场、磁场强度等。根据厂址实际环境状况开展温排水监测、海洋生态调查等专题调查活动。根据电厂生产废水和生活污水排放方式、厂址近岸海域环境功能区划、电厂环境状况和环保部门的监管要求确定非放环境监测的项目和频度。

环境保护部门根据气象观测程序进行厂址范围的气象观测。气象观测的要素包括：温度、湿度、气压、降水和风向、风速，同时还应对厂址大气稳定度进行统计。定期备份气象观测数据，年度单个观测要素（气象观测站和气象铁塔）的数据获取率和各观测要素的总体数据获取率均应大于90%。与当地气象部门建立信息沟通机制，及时获取和发布灾害气象信息。

环境保护部门建立环境监测质量体系，制定详细的质量控制措施，按照 CNAS 准则规范质量管理，质量控制活动包括确保环境 γ 剂量率连续监测、气象观测系统连续监测，定期检定或校准探测器、传感器、气象铁塔、辐射监测仪表等监测设施，确保监测数据有效。

3.7 调试管理

调试管理包含了核电厂调试组织管理、移交接产管理、调试安全质量管理、调试工作管理、调试配置管理和调试设备管理，在工程总承包模式下，业主调试管理部门通过对各项调试活动的过程监督，确保调试活动规范开展，保障调试目标顺利实现。

本业务领域包含 6 个流程、29 个子流程（见表 3-21）。

表 3-21　核电支持服务领域流程和子流程关系表

领域	流程	流程编号	子流程	子流程编号
调试管理	调试组织管理	CO-OM	调试组织机构管理	CO-OM-01
			调试启动委员会管理	CO-OM-02
			调试专项组管理	CO-OM-03
	移交接产管理	CO-DS	EESR 移交管理	CO-DS-01
			隔离移交（TOB）管理	CO-DS-02
			维修移交（TOM）管理	CO-DS-03
			临时运行移交（TOTO）管理	CO-DS-04
			厂房移交（BHO）管理	CO-DS-05
	调试安全质量管理	CO-SQ	调试质量控制管理	CO-SQ-01
			调试不符合项管理	CO-SQ-02
调试管理	调试安全质量管理	CO-SQ	调试期间电气安全管理	CO-SQ-03
			调试工业安全管理	CO-SQ-04
			调试保卫管理	CO-SQ-05
			调试消防管理	CO-SQ-06
	调试工作管理	CO-WM	调试工单管理	CO-WM-01
			调试计划管理	CO-WM-01
			调试隔离与许可管理	CO-WN-03
			调试实施过程管理	CO-WN-04
			调试风险管理	CO-WN-05
			调试防异物管理	CO-WN-06
	调试配置管理	CO-CM	调试文件编制管理	CO-CM-01
			调试设计变更管理	CO-CM-02
			调试临时变更管理	CO-CM-03
	调试设备管理	CO-EQ	调试设备管理	CO-EQ-01
			调试质量缺陷报告	CO-EQ-02
			调试定值管理	CO-EQ-03
			调试标识管理	CO-EQ-04
			调试设备维护和保养管理	CO-EQ-05
			调试物项管理	CO-EQ-06

3.7.1 CO-OM 调试组织管理

应根据工程建设进度和调试各阶段任务的不同，分阶段、有计划、有步骤的设置和调整调试组织机构。依据调试的责任主体不同，调试模式可分为总承包调试模式、自主调试模式。在任何调试模式下，均由业主公司承担调试期间的核安全责任。

（1）CO-OM-01 调试组织机构管理

业主公司自主调试模式下，业主公司负责组建调试队，全面负责调试的启动和实施工作；总承包商调试模式下，总承包方负责组建调试队并负责调试的启动和实施工作，业主公司对调试的安全、质量、进度和重大试验项目进行监督。

装料前机组的管理和调试工作由调试方（总承包方或业主调试队）负责，装料后机组的管理工作由业主公司生产部门负责，机组管理权由调试移交业主公司生产部门后，业主公司监督调试方继续按照合同、规范完成各项调试工作。

业主公司作为国家核安全局批准营运核电厂的单位，必须全面管理控制和协调整个调试工作，建立或组织总承包方建立在调试启动委员会领导下的能够保证质量的完成调试活动、承担安全责任、具有足够职能的调试组织机构；

调试组织机构根据工程建设进度和调试准备各阶段任务的不同，分阶段、有计划、有步骤地设置和调整，各阶段之间组织机构应保持一定的承接性，确保调试组织机构满足各阶段调试准备和调试实施的需要；

因调试具有阶段性的特点，调试组织机构可采用行政机构设置和特设非常设机构设置相结合方式，保证调试期间组织的有效性；

在总承包调试模式下，业主公司检查、监督或派员加入（根据管理要求）总承包方组建的调试组织机构；业主公司自主调试模式下，优先采用调试生产一体化原则组建调试组织机构，充分利用公司内部资源，也利用调试阶段充分锻炼生产队伍。

（2）CO-OM-02 调试启动委员会管理

业主公司牵头成立调试启动委员会，作为机组调试工作的领导机构，业主公司总经理担任调试启动委员会主任。调试启动委员会是调试启动阶段行政协调和安全技术审评的领导机构，全面负责领导项目的调试启动工作，决定调试相关的重大事项。

调试启动委员会由业主公司、施工责任单位、设计和调试及主要设备制造厂代表组成，成员包括：

1）主任：业主公司总经理；

2）常务副主任：业主公司主管机组调试和运行的总经理部领导；

3）副主任：业主公司主管机组工程建设、调试、生产安全、质量、计划、投资、合同、设计、采购、生产的总经理部成员，总承包方项目部经理；

4）成员：业主公司调试管理部门、工程管理部门、生产部门以及安全、质量、计划、投资、合同部门的负责人；施工责任单位项目部相关部门负责人；设计院设计代表、各建安承包单位项目经理、监理单位项目总监；特邀代表（设备厂家、技术顾问等）；

5）秘书组：由业主公司调试管理部门担任，组长由调试管理部门负责人担任。

（3）CO-OM-03 调试专项组管理

调试期间通过成立调试专项组加强调试里程碑节点及重要试验项目的组织和实施。调试专项组举例包括：220 kV 倒送电专项组、主控室可用专项组、500 kV 倒送电专项组、安全壳试验专项组、柴油机调试专项组、冷试/热试专项组、机组装料专项组、发电机启动及并网专项组等；

调试专项组负责调试专项计划、调试专项技术文件以及专项试验的组织、实施、问题处理和结果评价；

调试专项组一般都跨单位、跨部门组成，组内成员在组织关系上受原部门和原单位以及专项组双重管理，但在调试专项活动期间，其需要在完成本职工作的同时，将工作重点放在完成专项调试项目，接受调试专项组的统一指挥。

3. 7. 2 CO-DS 移交接产管理

移交接产是确保调试顺利进行和试运行安全的重要环节，包括系统、设备、建筑物和文件、数据等的移交。为保证移交有组织进行，应成立包括移交方和接收方的联合移交接产组织，负责移交工作的组织和接口管理。整个移交过程由两个阶段组成：安装向调试的移交，调试向生产的移交。具体包括如下几种移交管理模块：EESR 移交、隔离移交（TOB）、维修移交（TOM）、临时运行移交（TOTO）、厂房移交（BHO）。

（1）CO-DS-01 EESR 移交管理

安装竣工状态报告（EESR）是指系统（或子系统）安装活动完成后向调试活动移交的接口文件或证明性文件，EESR 证书签署后，施工责任单位依然负责设计、设备、建安责任范围内的遗留问题处理。

根据系统移交计划，建安承包商开展建安合同规定的建安活动，并保证一定的提前量，确保按计划进行系统调试移交，调试进度计划不被延误。

系统移交时要具备系统调试的条件，包括系统和设备具备就地或控制室操作条件，工艺系统调试所必需的供电、供气（汽）、供水、排水、通风供热等条件满足。

（2）CO-DS-02 隔离移交（TOB）管理

隔离移交（TOB）即隔离边界管理权限移交，由调试移交调试期间隔离办。TOB 移交后，在系统和设备上的任何试验和工作都需要持有隔离经理签发的工作许可证。同时调试活动如必然或具有潜在的伸出 TOB 边界的可能性，必须与相关建安管理责任单位进行协调和办理相关手续，确保调试活动实施的安全。

如 TOB 边界为调试与试运行系统的边界，调试活动不能影响调试边界外系统、设备的正常运行。试验活动要影响到边界外设备的运行必须取得运行部门同意，涉及运行设备均需到运行部门办理工作许可证。

TOB 边界的改变需经调试管理部门确认，如涉及 TOTO 还需业主公司运行部门双方确认，如与安装相关需经安装单位确认。

（3）CO-DS-03 维修移交（TOM）管理

维修移交（TOM）后，设备的维修和维护保养责任转到业主公司维修部门，但在总包合同质保期内，总包单位责任范围内的缺陷，仍由总包单位负责处理。

为了保证 TOM 工作的有序、顺利进行，应制定明确的移交计划，指导移交工作。

TOTO 和 TOM 可以实行一体化移交也可以分开移交，包括联合检查、移交文件包准备、移交证书签署等。

原则上系统 TOM 移交时其对应的维修规程应全部生效。

（4）CO-DS-04 临时运行移交（TOTO）管理

临时运行移交（TOTO）表明系统和设备经过试验验证，满足临时运行条件，移交后由运行部门负责系统的运行管理工作。

为了保证 TOTO 工作的有序、顺利进行，应制定明确的移交计划，指导移交工作。

TOTO 和 TOM 可以实行一体化移交也可以分开移交，包括联合检查、移交文件包准备、移交证书签署等。

原则上系统 TOTO 移交时其对应的运行规程应全部生效。

（5）CO-DS-05 厂房移交（BHO）管理

厂房移交（BHO）是指厂房（子项）由施工责任单位向业主公司生产部门移交。厂房移交后，厂房管理和维护保养责任转移到业主公司，但质保期内，施工责任范围内问题依然由施工责任单位处理。

施工责任单位应按计划向业主公司进行厂房移交，原则上厂房应整体移交，特殊情况可以分房间移交。

3.7.3 CO-SQ 调试安全质量管理

调试期间应制定安全目标，最大限度地保障调试人员的生命不受伤害，保障系统和设备不受损失。

应建立调试安全质量管理体系，建立调试期间红黄线管理制度，落实国家法规、标准及公司工业安全、环境、职业健康管理规定，组织安全巡视、监督、检查等。

（1）CO-SQ-01 调试质量控制管理

调试项目的实施必须满足下列要求：

1）调试人员和 QC 人员必须符合相应的资格要求，具有相应的授权；

2）试验必须按照批准的调试大纲和试验规程组织实施，如实记录参数和收集试验数据。

调试期间进行分级管理，试验项目一般分为重要试验项目和一般试验项目，重要试验项目对应 QC2 级，一般试验项目对应 QC1 级。

1）QC1 级试验项目由相关专业具有 QC1 级及 QC1 级以上授权的人员独立承担质量控制任务；

2）QC2 级试验项目由相关专业具有 QC2 级授权的人员独立承担质量控制任务；

3）QC1 级调试试验项目，不编制调试质量计划，但要求对其调试规程、调试试验报告进行 QC 审查（QC 审查相当于 R 点）；

4）QC2 级调试试验项目，必须编制调试质量计划。

（2） CO-SQ-02 调试不符合项管理

1）调试期间应建立有效的缺陷和不符合项处理接口组织，通过该组织应能快速组织专业人员鉴别缺陷和不符合项的处理责任方，组织、协调缺陷和不符合项的处理。

2）调试阶段的不符合项根据处理方法的复杂性和成熟程度不同，原则上分三个类别：

a. Ⅰ类：违反用户采购要求或用户认可文件的要求，按照经过批准的原有标准、图纸、规程等相关文件，可进行返工处理的不符合项；

b. Ⅱ类：违反用户采购要求或用户认可文件的要求，但可按照经过批准的原有的标准、图纸、规程等相关文件进行修理的不符合项；

c. Ⅲ类：违反用户采购要求或用户认可文件的要求，需要制定新的工艺方案、技术规范和验收准则才能进行返工或修理的不符合项，或者经设计单位确认，可不作修改的接收的不符合项，或者必要时需征求设计单位意见按报废（包括退货）处理的不符合项。

原则上，Ⅰ类、Ⅱ类不符合项按照缺陷流程进行处理，Ⅲ类不符合项按照不符合项流程进行处理。缺陷和不符合项的处理方案必须要经过相关专业人员的审查和确认，Ⅲ类不符合项的处理方案需要业主公司批准。不符合项处理后应进行现场验证，调试人员要评估是否对试验结果有影响，如果有影响，应重新进行相应试验。

（3） CO-SQ-03 调试期间电气安全管理

电气调试/操作人员必须符合相应的资格要求，具有相应的授权，并具备必要的电气知识和业务技能，熟悉电气设备及其系统。

在电气设备上工作，应有停电、验电、装设接地线、悬挂标示牌和装设遮拦（围栏）等保证安全的技术措施，电气、仪控等调试禁止单人作业。

电气重大试验期间，保卫部门设置临时控制区，进行边界隔离与控制。在发现直接危及人身安全的紧急情况时，现场负责人有权停止作业并组织人员撤离作业现场。

（4） CO-SQ-04 调试工业安全管理

安全管理部门负责建立调试期间工业安全监督体系，对工业安全体系的执行情况进行监督，并对调试现场进行安全监督。

调试期间遵循管工程必须管安全的原则，调试队应建立完善的安全管理组织和体系，各级领导是各级安全第一负责人，试验负责人是现场安全第一负责人，应组织安全员、试验人员对区域、系统、设备、人员的安全进行检查、监督和管理。

调试工作遵循每个人都是一道安全屏障的原则，加强安全培训，并充分利用班前会、工前会、工后会讲安全，充分进行现场安全检查、巡检加强安全管理。

（5）CO-SQ-05 调试保卫管理

调试期间应建立并完善保卫组织机构，并根据机组调试模式、调试进度，合理配置满足机组保卫实际工作需要的专业人员，明确保卫组织机构及相关工作人员的职责，确保机组调试期间的保卫安全，为机组长期安全、稳定运行奠定坚实的基础。

调试队提前与保卫部门进行协商，确定重点调试区域清单，原则上主要包括重要调试试验区域、重要电气设备间等。

保卫部门应在重点调试工作开展时，在重点调试区域的合适位置设立警卫执勤岗位，实施重要调试区域出入口控制，确保调试区域保卫安全。

保卫周界应安装入侵探测系统，入侵探测系统应覆盖整个周界，不应出现盲区。

（6）CO-SQ-06 调试消防管理

调试消防管理工作，坚持“预防为主、防消结合”的工作方针和“谁主管、谁负责”“谁调试、谁负责”的工作原则，建立健全消防安全制度，逐级落实消防责任制。

业主公司和调试承包商均应建立并完善消防组织机构，合理配置满足机组消防管理需要的专业人员，明确职责分工，建立完善的消防管理制度。消防管理包括：消防培训、防火检查、动火作业管理、易燃易爆危险化学品管理、灭火和应急疏散预案、消防事故事件报告等方面。

3.7.4 CO-WM 调试工作管理

调试队对调试实施负有总体管理责任，对调试的安全、质量和进度负责。调试实施过程应严格加以控制，试验必须按照已经批准的试验程序执行，试验实施应遵守相应的调试管理程序和规定，试验工作过程中应实施贯彻“负接口”管理理念，提高工作效率。试验前要从人员、工器具、调试规程、调试文件包、安全和应急预案、试验方法、临时变更和临时措施、现场准备等各方面完成试验的准备。

调试项目实施采取许可证制度，任何规定试验区域内的活动，都应在工作许可证的许可范围内进行。试验的具体操作必须在试验的准备工作全部完成并签字确认后实施，试验步骤须按照调试规程执行。

（1）CO-WM-01 调试工单管理

调试工作的控制目标要达到保障或提高工业安全水平、优化各项资源提高运转效率、合理平衡调试工作量，确保调试计划的严肃性、优化流程，降低成本。

所有调试人员均可以提出工作申请，其中简单作业通知书范围的工作不需要提出工作申请，直接办理简单作业通知书。对于已提出工作申请，经过计划会确定为简单作业工作，可以转换为简单作业，通过打印简单作业通知书开展工作。原则上其他的工作都应该提出工作申请，创建工单，并进入计划排程。

（2）CO-WM-02 调试计划管理

调试进度控制应按照调试计划的层次分级管理、协调，通过计划编制、执行、反馈、纠正等环节实现计划的闭环控制，避免人力资源、材料和时间等方面的浪费和冲突，保证调试工作按计划、高质量地执行。

调试计划一般按照时间和调试活动两个维度进行编制，部分调试计划还增加调试活动之间逻辑关系的维度。

工程一级进度计划、工程二级进度计划应包括调试计划，调试应分级制定调试计划，一般包括调试三级进度计划、年度计划、月度计划、周计划、三天滚动计划、调试专项计划、调试主线计划等。

（3）CO-WM-03 调试隔离与许可证管理

业主公司应策划并实施安全高效的调试隔离与许可证制度，根据项目不同管理模式，可设置调试隔离办、执行调试隔离管理的运行隔离办或者联合隔离办。

系统 TOB 至 TOTO 期间，在调试管辖系统设备边界内进行某项工作时，必须申请工作许可证。工作负责人持有效的隔离办签发的工作许可证，表明工作所需的安全条件已具备，且工作负责人与调试部门间的权力和责任已明确界定。

在系统 TOTO 后，在 TOTO 系统设备边界内进行某项工作时，必须申请运行隔离办签发的工作许可证。

（4）CO-WM-04 调试实施过程管理

调试工作实施以调试队为主体，针对不同的调试管理模式，调试队可由工程总承包方负责组建，业主方参与，也可由业主调试管理部门负责组建。调试队负责调试实施，对调试实施过程负有总体管理责任，对调试的安全、质量和进度负责。

试验项目的实施贯彻“负接口”管理理念，提高工作效率。对于有上下游时间接口的主线试验项目，要实现“负接口”，做到“人等工作，杜绝工作等人”，实行无缝衔接。

系统移交前的调试活动，依据建安合同责任划分原则：若合同责任在建安单位的，由建安单位负责执行单体调试、冲洗等工作，调试业主参与见证；若合同责任在业主单位的，由业主负责执行单体调试、冲洗等工作。

（5）CO-WM-05 调试风险管理

调试期间风险管理应作为开展调试工作的重要环节，以防止或降低风险引起的不良后果。

调试队适时建立调试期间风险管理网络。组织协调调试期间风险管理的各项工作。由调试队安全管理部门归口管理调试期间风险管理工作，调试队各专业职能组专/兼职风险管理人员落实具体工作开展。

调试危险源辨识及风险评价工作是动态的，当现场作业环境及系统状态发生变化时，调试厂房（系统）负责人应根据现场实际情况进行补充或更新。

（6）CO-WM-06 调试防异物管理

调试期间应建立并实行分级防异物管控体系，所有的防异物一级、二级工作包应包含防异物检查单，检查单需要填写的内容应包括工作包准备、作业开始后、作业结束后开口封闭前三个重要阶段。

一回路设备解体和有异物进入一回路风险的作业活动应编制防异物方案，涉及多个工作组或跨专业的重要复杂的防异物一级调试维修活动也应编制专门的防异物方案。

在工前会上，试验、维修保养、检查或变更实施等工作负责人要向具体的工作人员讲解工作中的异物风险和防异物措施，指定防异物的监督者，布置防异物工作，确保每位工作人员都了解工作中的异物风险和对应的防异物措施。

现场作业过程中，系统设备开口前建立防异物区域，防异物区域用屏障和标志沿工作区周围划定的边界建立。防异物区域分为防异物一级区域和防异物二级区域。

防异物一级的调试活动对应建立防异物一级区域，防异物二级调试活动对应建立防异物二级区域。

防异物监督人员在系统设备开口前应对携带进入防异物区域内所有物品进行盘查、登记，如抹布、胶带、化学品等的散装材料、特殊材料、大件等明显件，对进出防异物区域的人员和设备物品进行控制。

3.7.5 CO-CM 调试配置管理

调试配置管理包括调试设计变更管理、调试临时变更管理和调试文件编制管理，其主要的目标是：

1）调试文件及调试期间电厂状态控制符合相应的设计基准；

2）调试期间电厂构筑物、系统、设备配置满足设计文件要求；

3）记录文件准确反映电厂实体配置，图纸、程序、数据库及时匹配现场修改；

4）严格控制对设计基准、设计文件、实体配置的修改，并保证三者间的一致性。

（1）CO-CM-01 调试文件编制管理

根据核安全法规的要求，核电厂的整个调试活动必须遵循经过审批的书面文件，调试文件可分为以下几类：

1）调试指导文件；

2）调试管理文件；

3）调试执行文件；

4）调试结果文件。

对调试文件的管理应遵循集中控制、分类管理的原则，应对调试文件管理流程的整个过程实施有效的控制和管理，维护调试文件的真实性、可靠性、完整性和可用性等质量要求。

应制定或督促总承包方制定明确的调试文件编制管理要求，明确文件编写要求，包括：格式、内容、编写与审批人员资格、流程、文件修订和变更的要求等。

调试文件编制要尽早启动，并制定详细的文件体系和文件清单。应及时做好上游设计与设备文件的收集与消化，注重与同行电厂的技术差异。

应将调试文件管理工作纳入调试工作计划中，调试文件编制要充分吸收同行电站调试与运行经验，使其更加完善、可操作性更强，应将调试文件管理工作与调试现场工作同步实施，尽可能保证调试活动记录完整、真实、准确。

应充分利用调试期间，验证、修改流程图、电气图、仪控图、定值清单、报警手册等技术文件。

（2）CO-CM-02 调试设计变更管理

调试期间的试验澄清申请、设计变更申请和设计变更通知单必须从经济性、可用性、安全性等方面综合考虑。通过设计变更，应能提高机组可用率，降低成本，维持或提高核安全水平。

调试期间，设计院、设计代表或设备供应商对设计图纸或施工文件等发布设计变更通知单时，应提前与调试队沟通，原则上经调试队同意后发布。

对于调试期间重大设计变更，应提交技术委员会审查，涉及核安全系统和设备的重大设计变更需报国家核安全监管部门。

（3）CO-CM-03 调试临时变更管理

调试队作为调试期间临时变更的归口管理部门，负责定期组织临时变更审查例会。涉及缺陷的临时变更，系统负责人跟踪管理，收集缺陷处理进展和设计变更进展，敦促缺陷尽快处理。

临时变更的实施管理依据设备的维修责任划分，临时变更的实施应按电厂工作许可工作组织过程实施。临时变更实施后，系统处在非正常运行方式下，试验负责人和调试人员必须高度关注系统的运行安全，一旦出现不安全因素，相关人员应根据临时变更申请时提出的风险分析及应急预案立即采取应急措施，保证系统和机组的安全。

实施临时变更后，应在实施部位悬挂临时变更标识牌。临时变更标识牌信息包括：临时变更申请编号、系统/设备编码、位置、实施部门、实施时间、系统负责人、工作负责人、联系电话、实施描述、预计拆除时间及拆除条件等；通过上位机或编程工具而实施的临时控制变更，需要在上位机或编程工具中进行标识。标识信息涵盖：系统负责人、实施人姓名、实施时间、临时控制变更编号等。

系统办理 TOTO、TOM 前，调试职能组应对该系统相关的临时变更进行清理并及时撤销，若因调试和运行的需要无法在移交前撤销，则在移交文件包“未撤销的临时变更清单”中注明并说明不能撤销的原因并作为移交保留项。

3.7.6 CO-EQ 调试设备管理

调试设备管理的目标是通过调试阶段的设备与物项管理、定值管理、设备保养等手段，保持电厂构筑物、系统和设备的良好状态，为电厂运行期的设备管理体系建设打好基础。

调试期间设备管理工作以设备信息为基础，以提升设备可靠性为中心，以设备基础信息管理、状态监督、维护保养、故障诊断为手段，通过全员参与、专人负责，对设备进行全过程、全寿期、全范围管理。

（1）CO-EQ-01 调试定值管理

定值是重要的技术工作文件，是所有定值调整、验证工作必须严格遵循的工作依据。全厂定值采用数据库进行管理，纸质版定值手册定期出版。

开展定值调整、验证工作前应确保相关定值数据是有效数据。应通过定值管理数据库界面查询最新信息，资料管理员查询打印的定值信息加盖工作文件章后可作为工作文件使用。

调试定值可分为下列几类：

1）保护系统整定值；

2）专设安全设施动作整定值；

3）工艺系统报警整定值；

4）工艺系统联锁动作整定值；

5）保护和控制系统控制参数，主要指控制系统的 PID 参数。

上述第 1）至第 4）类整定值，由设计院或设备供货厂家提供，由调试队确认并在调试中验证。第 5）类整定值由调试队在试验前根据经验设定，在试验中调整。

（2）CO-EQ-02 调试设备维护和保养管理

调试队对调试期间责任范围内的设备维护保养负有全面和最终责任，设备的维护保养应从人、机、料、法、环五个方面开展全面有效的准备工作，并纳入调试准备工作计划进行管理，重要性上应与调试活动本身同等对待。

调试队组织各专业编制调试期间（安装移交调试至系统向生产移交期间）维护保养文件，为设备维护保养活动提供依据文件和记录；业主公司生产部门负责系统向生产移交后维护保养文件的编制。

系统在安装向调试移交前，由施工责任单位负责系统和设备的保养；安装向调试移交至调试向生产移交期间，调试队组织各专业编制维护保养计划，实施维护保养工作；调试向生产移交后，生产计划处负责组织已移交系统和设备的维护保养计划的编制，生产部门实施维护保养工作；机组装料后，系统和设备维护保养工作计划由生产计划处负责，按照生产期相关管理程序及流程执行。

（3）CO-EQ-03 调试物项管理

调试物项一般可分为：

1）调试工器具（计量类、非计量类）；

2）调试耗材：主要包括调试期间所用的酸、碱、盐、树脂、特殊气体、柴油等特殊消耗品和其他普通消耗品；

3）调试专用工器具；

4）调试期备品备件；

5）调试临时设施，主要指调试过程中厂房环境不满足设备正常运行要求时，临时增加的设备，包括临时风机、空调、加热器、除湿机等。

对于总承包调试模式，由总承包方全面负责调试物项的采购和仓储管理，并对物项立项金额等进行分级管控；对于自主调试模式，调试管理部门全面负责生产物项统筹配置，原则上遵循调试生产物项一体化准备，资源共享，节省调试和试运行成本。调试用计量器具管理，应严格遵守《中华人民共和国计量法》及《中华人民共和国计量法实施细则》的规定，公司应制定详细管理规定，保证计量器具法规得到准确落实。

第四章　关键流程绩效指标

4.1　指标定义

指标是说明总体数量特征的概念，一般由指标名称和指标数值两部分组成，体现了事物质的规定性和量的规定性两个方面的特点。

目前在核电领域，国内外的专业机构提供了一系列的指标用于核电厂绩效和性能分析，例如世界核运营者协会的 WANO INDEX 综合指数和 ePM 指标、美国核电运营学会（INPO）的 CPM、国家能源局提出的核电厂运行性能指标、国家核安全局核电厂运行安全性能指标（Safety Performance Indicators，SPI）体系。

本书将结合业界良好实践，专注与流程绩效，旨在建立涵盖整个生产业务的关键流程绩效指标体系，为核电厂生产绩效管理提供有力工具，并为不同电厂之间绩效对比提供支持，促使管理者更加关注弱项改进，从而在保证安全的前提下，不断提升运营绩效，创造一流业绩。

4.2　流程绩效指标层级

流程的绩效指标分为一级、二级、三级，一级指标是指每个流程输出指标将直接影响一项总体业务目标；二级指标是指某一个流程内部的指标，一般是一个过程量；三级指标是指流程中的某一个活动或任务的结果指标。

4.3　流程绩效指标描述

4.3.1 WANO 综合指标

（1）指标名称：WANO 综合指数（见表 4-1）

（2）指标定义：统计周期内 WANO 业绩指标按一定规则加权运算所得的介于 0 到 100 之间的数值，数值越大表明机组整体性能越好。WANO 性能指标指数是衡量核电机组整体安全运行水平的工具。

（3）数据项：本指标需每季度以机组为单位统计表 4-1 基础数据，WANO 综合指标权重占比见表 4-2。

表 4-1　WANO 综合指标

序号	WANO 指标名称	连续滚动月份
1	机组能力因子（UCF）	18/24 月
2	强迫损失率（FLR）	18/24 月
3	每 7 000 临界小时非计划自动停堆数（UA7）	18/24 月
4	高压安注系统可用性（SP1）	18/24 月
5	辅助给水系统可用性（SP2）	18/24 月
6	非计划能力损失因子（UCLF）	18/24 月
7	每 7 000 临界小时非计划总停堆数（US7）	18/24 月
8	应急交流电系统可用性（SP5）	18/24 月
9	燃料可靠性（FRI）	18/24 月
10	化学性能（CPI）	18/24 月
11	集体辐照剂量（CRE）	18/24 月
12	工业安全事故率（ISA2）	18/24 月
13	电网相关损失因子（GRLF）	18/24 月
14	承包商工业安全事故率（CISA）	18/24 月

说明：可以根据换料周期的不同，调整连续滚动月份。

根据 WANO 综合指数计算方法四的计算公式要求，燃料可靠性的单位是 μCi/g，集体剂量的单位是 man · rem。

表 4-2　WANO 综合指标权重占比

指标名称	权重	指标名称	权重
机组能力因子（UCF）	0. 15	应急交流电系统可用性（SP5）	0. 1
强迫损失率（FLR）	0. 15	燃料可靠性（FRI）	0. 1
每 7000 临界小时非计划自动停堆数（UA7）	0. 1	化学性能（CPI）	0. 05
高压安注系统可用性（SP1）	0. 1	集体辐照剂量（CRE）	0. 1
辅助给水系统可用性（SP2）	0. 1	工业安全事故率（ISA2）	0. 05
非计划能力损失因子（UCLF）	/	电网相关损失因子（GRLF）	/
每 7000 临界小时非计划总停堆数（US7）	/	承包商工业安全事故率（CISA）	/

4. 3. 2 核电厂运行性能指标（能源局）

（1）指标名称：核电厂运行性能指标

（2）指标定义：核电厂运行性能指标共计 26 个，明确给出每一个指标的名称、所属维度、定义、计算方法和阈值。电厂可以通过该指标状态判断准则来确定该指标处于优秀、中值或待改进的状态。

（3）数据项：本指标需每月度以机组为单位统计表 4-3 中列出的基础数据。

表 4-3 核电厂运行性能指标

序号	核电厂运行性能指标名称
1	一般及以上安全质量环境事故数量
2	执照运行事件数量
3	燃料可靠性
4	电网相关损失率
5	工业安全事故率
6	承包商工业安全事故率
7	集体剂量
8	强迫损失率
9	放射性流出物短期指标
10	放射性流出物年度指标
11	机组消防系统可用率
12	高压安注系统不可用度
13	火险事件数量
14	消防演习未按期执行次数
15	应急演习计划完成率
16	辅助给水系统不可用度
17	应急通讯系统可靠性
18	重大安保事件数量
19	机组运行业绩指标综合指数
20	应急交流电系统不可用度
21	临界 7 000 小时非计划自动停堆次数
22	临界 7 000 小时非计划停堆次数
23	机组能力因子
24	非计划能力损失因子
25	化学指标
26	移动柴油发电机定期试验一次成功率

4.3.3 核动力厂安全性能指标（国家核安全局）

（1）指标名称：核电厂安全性能指标

（2）指标定义：根据核电厂安全性能指标体系的指标框架，对以下 4 个领域进行监测与评价：反应堆安全、辐射安全、应急准备和电厂保卫。在这 4 个领域内，根据评价的需要，详细划分出 7 个安全基石，在 7 个安全基石下又提出了更加详细的指标，最终形成等级式的指标框架，共计 23 个。

（3）数据项：本指标需每季度以机组为单位统计表 4-4 基础数据。

表 4-4　核动力厂安全性能指标

序号	类别	子类别	核电厂运行性能指标名称
1	反应堆安全	始发事件	每 7 000 临界小时的非计划紧急停堆
2			每 12 个季度与正常热量导出丧失相关的非计划紧急停堆
3			7 000 临界小时非计划功率改变
4		缓解系统	安全系统不可用度（MS01-MS05）
5			安全系统功能丧失
6		屏蔽完整性	^{131}I 剂量当量活度浓度
7			RCS 泄漏率
8			反应堆安全壳完整性
9	辐射安全	职业照射安全	年度最大个人有效剂量
10			年度集体有效剂量
11			年度非计划放射性照射事件发生次数
12		公众照射安全	放射性流出物短期指标
13			放射性流出物年度指标
14	应急准备	场区应急	应急响应组织的演习和训练成绩
15			应急响应组织的演习参加情况
16			应急通讯系统的可靠性
17	电厂保卫	场区应急	核电厂安全监控系统性能
18			出入口控制与管理性能
19			核安全安全管理程序性能

4.3.4 高温气冷堆生产指标体系

（1）高温气冷堆生产管理指标体系共包含 95 个指标，其中按领域可划分为安全与防护领域 32 个，运行生产领域 55 个，绩效提升领域 7 个，成本管控领域 1 个。

（2）其中报送国家能源局指标 24 个、报送核安全局指标 20 个，WANO 指标暂不报送 WANO 中心。

（3）安全与防护领域共划分了 8 个子领域，包括安全质量、核安全、辐射防护、工业安全、环境保护、交通安全、消防保卫、应急管理，共计 32 个指标。指标清单如表 4-5 所示。

表 4-5　高温堆安全与防护领域指标

所属领域	子领域	指标级别	指标名称
安全与防护	安全质量	一级	一般及以上安全与防护环境事故数量
	核安全	一级	执照运行事件数量
		一级	国际核事件分级一级及以上核事件
	辐射防护	二级	年度集体有效剂量

续表

所属领域	子领域	指标级别	指标名称
安全与防护	辐射防护	二级	年度最大个人有效剂量
		二级	年度非计划放射性照射事件发生次数
		三级	体表污染
		三级	体内污染
		二级	放射性物质非受控转移事件
		三级	辐射防护安全事件数
	工业安全	二级	工业安全事故率
		二级	承包商工业安全事故率
		三级	工业安全轻伤事件
		三级	工业安全未遂事件
		三级	特种人员无证上岗
		三级	防异物事件
	环境保护	二级	放射性流出物短期指标
		二级	放射性流出物年度指标
		三级	区域污染事件
	交通安全	二级	一般及以上交通事故
	消防保卫	三级	机组消防系统可用率
		三级	火险事件数量
		三级	消防演习未按期执行次数
		一级	重大安保事件数量
		三级	核电厂安全监控系统性能
		三级	出入口控制与管理程序性能
		二级	核材料安全管理程序性能
		三级	火灾事故
	应急管理	三级	应急演习计划完成率
		三级	应急通信系统可靠性
		三级	应急响应组织的演习参加情况
		三级	应急设施定期检查执行率

（4）运行生产领域共划分为 12 个子领域，始发事件、变更与配置、大修、发电、工作过程管理、化学指数、缓解系统、屏障完整性、设备管理、维修管理、运行管理、质量保证，共计 55 个指标（见表 4-6）。

表 4-6 高温堆运行生产领域指标

所属领域	子领域	指标级别	指标名称
安全与防护	始发事件	二级	临界 7 000 小时非计划自动停堆次数
		二级	临界 7 000 小时非计划紧急停堆次数
		三级	每 12 个季度与正常热量导出丧失相关的非计划紧急停堆
		三级	7 000 临界小时非计划功率改变
	变更与配置	三级	临时变更超期控制
	大修	三级	大修工期偏差率
		三级	大修范围变更率
		三级	大修范围完成率
		二级	大修综合质量
	发电	一级	机组能力因子
		二级	非计划能力损失因子
		二级	电网相关损失率
		二级	强迫损失率
	工作过程管理	三级	冻结计划稳定性
		三级	工单按计划开工率
		三级	工单按计划完工率
		三级	工单准备退包数
		三级	无票作业事件数
		三级	未按期确认的缺陷数
		三级	未按期完成工单准备的缺陷数
		三级	未按期关闭的缺陷数
		三级	未按程序要求关闭的缺陷数
	化学指数	三级	一回路化学性能
		三级	二回路化学性能
	缓解系统	三级	蒸汽发生器事故排放系统不可用度
		三级	一回路隔离系统不可用度
		三级	余热排出系统不可用度
		三级	应急交流电系统不可用度
		二级	安全系统功能失效
	屏障完整性	二级	燃料可靠性
		二级	反应堆冷却剂系统泄漏率
		三级	反应堆安全壳完整性
	设备管理	三级	移动柴油发电机定期试验一次成功率
		三级	设备原因非计划降功率次数
		三级	十大缺陷
		三级	定期试验一次成功率

续表

所属领域	子领域	指标级别	指标名称
安全与防护	设备管理	二级	核安全相关系统与设备定期试验按期完成率
		三级	定期试验按期完成率
	维修管理	三级	预防性维修完成率
		三级	返修率
		三级	拖期预防性维修数量
		三级	超期预防性维修数量
		三级	现存缺陷数量
		三级	未及时响应的紧急抢修数
		三级	转大小修缺陷数
		三级	等备件缺陷数
		二级	维修领域质量计划 H 点越点数
		三级	缺陷消除率
		三级	功能再鉴定一次合格率
		三级	品质再鉴定一次合格率
	运行管理	三级	停机停堆通道保护误触发次数
		三级	设备状态失控
		三级	临时运行规程
		二级	反应性管理指数
	质量保证	三级	质保监查、监督 CAR 和 OBN 按计划关闭率

（5）绩效提升领域共划分 3 个子领域，包括经验反馈、培训和人员绩效，共计 7 个指标（见表 4-7）。

表 4-7 高温堆绩效提升领域指标

所属领域	子领域	指标级别	指标名称
绩效提升	经验反馈	三级	状态报告开发及时性
		三级	纠正行动按期关闭率
		二级	A 类状态报告数量
	培训	三级	培训计划执行率
		三级	模拟机可用率
		二级	年度基本安全授权完成率
	人员绩效	二级	安全时钟

（6）成本控制领域共包含 1 个指标（见表 4-8）。

表 4-8　高温堆绩效提升领域指标

所属领域	子领域	指标级别	指标名称
成本控制	成本	二级	单位售电成本

4.3.5 工作管理流程绩效指标

（1）工作管理流程绩效一级指标

1）现存缺陷

a. 指标定义：指机组当前状况下所有未完工的缺陷，包括转大、小修的缺陷。

b. 计算方法：当前未消除的缺陷总数。

c. 指标单位：项。

2）关键重要设备预防性维修（PM）未按时实施个数

a. 指标定义：超过预防性维修频度 25%仍未实施的 CC1、CC2、NC 级设备预维工单数，包括经过延期审批和未经审批的超期预维工单。

b. 计算方法：当前所有未实施的 CC1、CC2、NC 级设备超期预维工单总数 。

c. 指标单位：项。

3）冻结计划稳定率

a. 指标定义：反映了电厂计划窗口安排的可靠性和稳定性。

b. 计算方法：范围冻结处于范围内并且在工作周开始时仍然处于范围内的工作项目（范围）的百分比。

c. 指标单位：项。

4）消缺率

a. 指标定义：反映了电厂执行日常消缺工作的效率。

b. 计算方法：消除缺陷数量和产生缺陷数量的比值，例如：执行周消除缺陷 20 项，产生缺陷 30 项，则该指标数值为：20/30＝66.7%。

c. 指标单位：项。

5）大修综合质量

a. 指标定义：停堆大修后机组满功率运行开始，统计机组连续功率运行 100 天内发电机从电网解列的次数，以此综合评价大修期间设备检修质量。

b. 计算方法：满功率后 100 天内发电机与电网解列的次数。

c. 指标单位：项。

（2）工作管理流程绩效二级指标

1）工单按计划开工率

a. 指标定义：计划中，每月按计划开工的工单占本月计划工单总数的百分比。

b. 计算方法：按计划开工的工单数量/计划的工单总数×100%。

c. 指标单位：百分比。

2）工单按计划完工率

a. 指标定义：计划中，每月按计划开工的工单占本月计划工单总数的百分比。

b. 计算方法：按计划开工的工单数量/计划的工单总数×100%。

c. 指标单位：百分比。

3）备件可用率

a. 指标定义：用以衡量已识别出的必换件备件需求现场满足比率。

b. 计算方法：T-7 周计划冻结时共识别出 N 项必换件备件需求，执行周必换件备件可用的数量 X 项，计算＝X/N 。

c. 指标单位：百分比。

4）工单准备退包数

a. 指标定义：反应工作包准备的质量是否符合要求。

b. 计算方法：当月发生的因工作准备不足被运行工程师退回的工作包个数。

c. 指标单位：项。

5）未按期确认的缺陷数

a. 指标定义：反应现场缺陷产生后是否能计时确认。

b. 计算方法：在统计周期内发生的超过 1 个工作日未确认的缺陷数。

c. 指标单位：项。

（3）工作管理流程绩效三级指标

1）无票作业事件数

a. 指标定义：反应电厂未按要求进行工作开工许可的工作数量。

b. 计算方法：在统计周期内发生的工作已开展但无工作许可证的事件数。

c. 指标单位：项。

2）日常 OM 维修数量

a. 指标定义：指机组当前状况下所有未完工的 OM 类型工单任务数量，不包括大修的 OM 工作。

b. 计算方法：完工状态前的 OM 类型工单任务数量。不包括大修工作。

c. 指标单位：项。

3）已推迟的关键设备预防性维修工单数量

a. 指标定义：通过监控所有已经过延期审批的超期未开工关键设备预防性维修工单的数量，反映电厂预防性维修工作开展的有效性。

b. 计算方法：过去一周已经过延期审批且超过 PM 最晚完工日期的所有未开工关键设备预防性维修工单数量。

c. 指标单位：项。

4）已推迟的关键设备预防性维修工单数量

a. 指标定义：通过监控所有已经过延期审批的超期未开工关键设备预防性维修工单的数量，反映电厂预防性维修工作开展的有效性。

b. 计算方法：过去一周已经过延期审批且超过 PM 最晚完工日期的所有未开工关键设备预防性维修工单数量。

c. 指标单位：项。

5）重复停役

a. 指标定义：指在两个月内设备出现的重复停役次数，若同一设备出现多次重复停役，则累计计入。

b. 计算方法：两个月内出现重复停役数（PM 频度低于等于两个月的除外）。

c. 指标单位：项。

4.3.6 运行管理流程绩效指标

（1）运行管理流程绩效一级指标

1）运行综合指标

a. 指标定义：机组在安全运行限制范围内运行性能的综合评定。

b. 计算方法：在统计周期内发生的运行安全异常、机组相关缺陷的事件数，以及运行负担。

c. 指标单位：项。

2）化学性能指标

a. 指标定义：机组安全稳定运行的化学性能指标的综合评定。

b. 计算方法：在统计周期内发生的水化学、其他化学性能异常的综合指数。

c. 指标单位：百分比。

（2）运行管理流程绩效二级指标

1）安全运行

a. 指标定义：机组在运行技术规格书限制范围内安全运行性能的综合评定。

b. 计算方法：在统计周期内发生的非计划进入 LCO 的事件数、违反技术规格书的事件数、运行事件数，以及隔离挂牌事件数。

c. 指标单位：项。

2）机组相关缺陷

a. 指标定义：给安全运行带来负面影响的机组相关缺陷与非正常配置状态。

b. 计算方法：在统计周期内发生的影响安全运行的机组相关缺陷与非正常配置状态的事件数。

c. 指标单位：项。

3）运行负担

a. 指标定义：需运行人员采取补偿措施，以保证机组正常运行或正常的应急/瞬态响应的设备缺陷（包括临时运行规程、临时变更等）。

b. 计算方法：以机组为单位在每月最后一天对运行负担数量进行统计。

c. 指标单位：项。

4）水化学性能指标

a. 指标定义：机组安全稳定运行的水化学性能指标的综合评定。

b. 计算方法：在统计周期内发生的水化学指标异常的综合指数（包括一回路水化学、蒸汽发生器炉水水质）。

c. 指标单位：综合比值。

5）其他化学性能指标

a. 指标定义：机组安全稳定运行的其他化学性能指标的综合评定。

b. 计算方法：在统计周期内发生的其他化学指标异常的事件数。

c. 指标单位：项。

（3）运行管理流程绩效三级指标

1）非计划进入 LCO 次数

a. 指标定义：非计划进入运行技术规格书运行限制条件（LCO）的次数，原因包括设备缺陷、人因失误或生产计划安排不合理等。

b. 计算方法：在统计周期内发生的非计划进入 LCO 的事件数。

c. 指标单位：项。

2）违反技术规格书次数

a. 指标定义：按照要求应当进入运行技术规格书而实际为进入运行技术规格书的的次数。

b. 计算方法：在统计周期内发生的应进入 LCO，而实际并未进入 LCO 的事件数。

c. 指标单位：项。

3）运行事件数

a. 指标定义：本指标对机组或组织所发生的符合核安全相关报告和申请管理中报告准

则的所有运行事件进行统计。

b. 计算方法：对核电机组的运行事件数以月度为单位进行统计。

c. 指标单位：项。

4）隔离和挂牌事件

a. 指标定义：该指标统计滚动三个月内与隔离和挂牌问题相关的 LOE/IOE 事件数量。

b. 计算方法：滚动三个月内与隔离和挂牌问题相关的 LOE/IOE 事件数量。

c. 指标单位：项。

5）现存重要缺陷数

a. 指标定义：本指标对的核安全、运行安全、发电安全带来隐患的系统设备异常统计。

b. 计算方法：该指标统计机组当前影响核安全设备缺陷数和 SPV 设备缺陷数量。

c. 指标单位：项。

6）主控室光字牌 24 小时连续点亮数

a. 指标定义：当月主控连续 24 小时及以上存在的重大异常（可能导致停堆停机的重要系统）报警数量。

b. 计算方法：每月的主控连续 24 小时及以上存在的重大异常报警数量。

c. 指标单位：项。

7）临时运行规程（临时运行指令）数量

a. 指标定义：当月存在的临时运行规程（临时运行指令）数量。

b. 计算方法：每月存在的临时运行规程（临时运行指令）数量。

c. 指标单位：项。

8）现存临时变更数量

a. 指标定义：当月存在现场已实施、未拆除的临时变更数量。

b. 计算方法：每月存在的临时变更数量。

c. 指标单位：项。

9）现存增加操纵员负担的缺陷数量

a. 指标定义：当月由于系统或设备不能完全实现其设计功能，从而在正常运行中给操纵员增加了额外负担的设备缺陷数量。

b. 计算方法：指标值=∑每月在正常运行中给操纵员增加了额外负担的设备缺陷数量（起）。

c. 指标单位：项。

10）一回路水质指标

a. 指标定义：当月一回路系统中化学控制参数与期望值之比的归一化值。

b. 计算方法：指标值=（当月一回路系统中化学控制参数监测值÷期望值）÷监测的化学控制参数种类总数。

c. 指标单位：综合比值。

11）SG 水质指标

a. 指标定义：当月蒸汽发生器中炉水化学控制参数与期望值之比的归一化值。

b. 计算方法：指标值=（当月炉水化学控制参数监测值÷期望值）÷监测的化学控制参数种类总数。

c. 指标单位：综合比值。

12）油品质量指标

a. 指标定义：通过统计重要用油的关键控制参数的超标次数，来衡量重要用油化学控制的有效性。

b. 计算方法：

主变压器油：水份、总烃、氢气、乙炔超标次数；

EH 油：酸值、颗粒度超标次数；

汽轮机润滑油：颗粒度超标次数；

应急柴油机燃油：黏度、水份超标次数。

c. 指标单位：项。

4.3.7 设备管理流程绩效指标

（1）设备管理流程绩效一级指标

1）自动/手动紧急停堆/停机

a. 指标定义：统计过去的 12 个月和 18 个月内发生的由于设备原因导致的手动或自动停机/停堆次数（年化值）。

b. 计算方法：指标值=0，得 30 分；指标值>2，得 0 分；0<指标值≤2，按比例得分。

c. 指标单位：项。

2）关键设备失效

a. 指标定义：统计在过去的 12 个月和 18 个月内发生的关键敏感设备（SPV）故障次数、降功率大于等于 20%的机组瞬态次数、安全缓解系统性能指标（MSPI）系统失效次数之和（年化值）。

b. 计算方法：指标值=0，得 30 分；指标值>2.5，得 0 分；0<指标值≤2.5，按比例得分。

c. 指标单位：百分比。

3）安全系统的非计划不可用及失效

a. 指标定义：统计以下系统非计划不可用率和失效暴露率（使用 18 个月的数据），包括高压安注系统、辅助给水系统、应急交流电源。

b. 计算方法：指标值<0.01，得 20 分；指标值>0.05（高压安注系统和辅助给水系统）或者>0.1（应急交流电源系统），得 0 分；0.01≤指标值≤0.05（高压安注系统和辅助给水系统）或者指标值≤0.1（应急交流电源系统），按比例得分。

c. 指标单位：项。

4）强迫损失率

a. 指标定义：统计在过去的 12 个月和 18 个月，所有非计划（不在四周前计划或安排好的）强迫电量损失与额定发电量减去该时期内计划的停堆检修和计划停堆检修的任何非计划延长导致的发电量损失的比值，用百分比表示。不含非电站管理控制所能避免的事件如电网计划性调峰/调停等。按以下公式计算。

b. 计算方法：指标值<0.1，得 10 分；指标值>2.5，得 0 分；0.1≤指标值≤2.5，按比例得分。

c. 指标单位：项。

5）机组受迫停堆

a. 指标定义：统计在过去的 12 个月或 18 个月，由于设备原因导致的不在 15 天前计划或安排好的机组停堆次数（不包括手动/自动紧急停堆）的年化值。

b. 计算方法：指标值=0，得 10 分；指标值>2，得 0 分；0≤指标值≤2，按比例得分。

c. 指标单位：项。

6）设备相关 1 级及以上 LOE（执照运行事件）数量

a. 指标定义：指因设备缺陷导致的 1 级及以上 LOE 数量。

b. 计算方法：统计设备缺陷导致的 1 级及以上 LOE 数量。

c. 指标单位：项。

（2）设备管理流程绩效二级指标

1）关键重要设备预防性维修超期数

a. 指标定义：超过预防性维修频度 25%仍未实施的 S、A、B 级设备预维工单数，不包括经过延期审批的超期预维工单项目。

b. 计算方法：指标值=本月内所发生的 S、A、B 级设备超期预维工单总数（含大修转入日常的预维项目）。

c. 指标单位：项。

2）关键设备故障数

a. 指标定义：指不能执行其设计功能的 S、A 级设备损坏或严重降级。

b. 计算方法：指标值=当月产生的 S、A 级设备 CM 工单数量。

c. 指标单位：项。

3）临时 SPV 设备数

a. 指标定义：在某些特定条件下，当非 SPV 设备满足临时 SPV（关键敏感）设备管理规定的判断准则时，称为临时 SPV 设备。包括计划性临时 SPV 设备及非计划性临时 SPV 设备。

b. 计算方法：指标值 1 = 当前机组存在超过 1 个月未消除的临时 SPV 设备数量。指标值 2 = 当前机组存在超过 2 个月未消除的临时 SPV 设备数量。

c. 指标单位：项。

4）关键重要设备预防性维修超期数

a. 指标定义：超过预防性维修频度 25%仍未实施的 S、A、B 级设备预维工单数，不包括经过延期审批的超期预维工单项目。

b. 计算方法：指标值 = 本月内所发生的 S、A、B 级设备超期预维工单总数（含大修转入日常的预维项目）。

c. 指标单位：项。

5）保护系统通道故障

a. 指标定义：指反应堆保护系统、专设安全系统、汽轮发电机组和电厂送出线路保护系统通道故障或误动作。

b. 计算方法：当月发生保护系统通道故障总数。

c. 指标单位：项。

（3）设备管理流程绩效三级指标

1）预防性维修大纲变更数量（设备故障反馈）

a. 指标定义：指本系统因设备故障反馈而要求实质性修改预防性维修大纲的次数，同类设备缺陷反馈修改多项大纲算一次。

b. 计算方法：每月生产系统中统计预防性维修大纲变更的审批任务数量。

c. 指标单位：项。

2）功能再鉴定一次合格率

a. 指标定义：功能再鉴定一次合格率是指在统计周期内，维修工作功能再鉴定一次合格次数与维修工作功能再鉴定总数的百分比，该指标反映了功能再鉴定一次合格率。

b. 计算方法：一个月内，维修工作功能再鉴定一次合格次数）/维修工作功能再鉴定总数的比值。

c. 指标单位：百分比。

3）设备定期试验、定期切换按期完成率

a. 指标定义：在统计周期内，系统与设备按期完成周期性试验及切换与所有定期试验项目及切换的百分比，该指标反映了定期试验及切换项目的执行率。

b. 计算方法：3 个月内，系统与设备按期完成周期性试验及切换数/定期试验项目及切换总数。

c. 指标单位：百分比。

4）设备中长期遗留问题状态

a. 指标定义：指中长期遗留问题的数量和状态。

b. 计算方法：一个月内，统计长期遗留问题的总数 I1；统计原因措施不清的长期遗留问题的总数 I2。

c. 指标单位：项。

5）设备腐蚀、老化状态（LOER/IOER/TEF 缺陷）

a. 指标定义：考虑对象至少包括三部分：本系统相关的、已完成最终分析的 LOER/IOER 报告，若原因分析界定与腐蚀、老化相关，统计为一次；日常缺陷/问题若有腐蚀、老化相关，也统计为一次；上季度 SHR 中存在但现场仍未最终解决的腐蚀或老化。

b. 计算方法：一个月内，统计问题次数 I1，统计其中原因措施不清的次数 I2。

c. 指标单位：项。

6）设备相关非计划违反运行技术规格书事件次数

a. 指标定义：指本系统因设备缺陷引起的非计划违反运行技术规格书事件次数。

b. 计算方法：一个月内，统计设备相关非计划违反运行技术规格书事件次数 I。

c. 指标单位：项。

7）设备相关 LOE/IOE（内部运行事件）数量

a. 指标定义：指本系统因设备缺陷引起的 LOE/IOE。

b. 计算方法：一个月内，统计设备相关 LOE/IOE 数量 I。

c. 指标单位：项。

4.3.8 配置管理流程绩效指标

（1）配置管理（CM）流程绩效一级指标

1）配置管理相关问题的识别

a. 指标定义：每季度设计要求、实体配置和电站配置信息间的不平衡问题的数量。

b. 计算方法：每季度统计反映设计要求、实体配置和电站配置信息间的不平衡问题 CR 的数量。

c. 指标单位：项。

2）配置管理意识和培训

a. 指标定义：表明 CM 意识和培训不足的状态报告（CR）数量。

b. 计算方法：每季度通过关键词检索表明 CM 意识和培训不足的状态报告数量。

c. 指标单位：项。

3）配置管理自我评估

a. 指标定义：通过 CM 自我评估提出的状态报告数量。

b. 计算方法：每年通过 CM 自我评估提出的状态报告数量。

c. 指标单位：项。

（2）配置管理流程绩效二级指标

1）配置管理请求及时性

a. 指标定义：永久变更申请批准的平均天数。

b. 计算方法：每月统计本季度永久变更申请批准的平均天数。

c. 指标单位：天。

2）设计要求变更的及时性

a. 指标定义：执行中的设计要求变更的计划完成率。

b. 计算方法：每月统计执行中的设计要求变更的计划完成率。

c. 指标单位：百分比。

3）实体配置变更的及时性

a. 指标定义：执行中的实体配置变更的计划完成率。

b. 计算方法：每月统计执行中的实体配置变更的计划完成率。

c. 指标单位：百分比。

4）电站配置信息变更的及时性

a. 指标定义：执行中的电厂配置信息变更的计划完成率。

b. 计算方法：每月统计执行中的电站配置信息变更的计划完成率。

c. 指标单位：百分比。

5）配置管理相关 CR 识别及处理的及时性

a. 指标定义：从 CM 相关 CR 提出到分配解决的时间。

b. 计算方法：每季度统计 CM 相关 CR 提出到分配解决的时间。

c. 指标单位：天。

4.3.9. 安全防护管理流程绩效指标

（1）安全防护管理流程绩效一级指标

1）执照运行事件数量

a. 指标定义：机组首次装料后发生的符合国家能源局核电厂运行报告制度和国家核安全局执照运行事件报告准则的事件数量，包括相应的国际核事件分级（INES 分级）。

b. 计算方法：全部执照运行事件数量。对于尚未最终定级的事件，可统计初步定级，待最终定级后修正。

c. 指标单位：项。

2）国际核事件分级一级及以上核事件

a. 指标定义：按照国际核事件分级表确定为一级及以上的核事件。

b. 计算方法：统计1级及以上核事件数量。

c. 指标单位：项。

3）严重非计划照射事件数

a. 指标定义：所有未经计划导致人员单次接受剂量超过20 mSv（含20 mSv），小于50 mSv的照射事件。

b. 计算方法：单次接受剂量超过20 mSv（含20 mSv），小于50 mSv的照射的人次。

c. 指标单位：项。

4）重大安保事件数量

a. 指标定义：滚动连续12个月内发生核材料或核设施被恶意破坏、核材料失窃、重要厂房或关键设备被人为故意破坏、刑事案件、员工遭受威胁生命的恶意攻击事件的次数。

b. 计算方法：单次接受剂量超过20 mSv（含20 mSv），小于50 mSv的照射的人次。

c. 指标单位：项。

5）放射性材料失控事件数

a. 指标定义：放射性材料失控事件数是指放射性活度和活度浓度均超过国家规定的豁免水平或清洁解控水平的任何物质丢失、被盗、失控，即非正常地处于辐射防护管理体系以外的事件数。

b. 计算方法：如定义。

c. 指标单位：项。

6）一般及以上安全与防护环境事故数量

a. 指标定义：统计周期内发生的一般及以上人身伤亡事故、一般及以上火灾事故、一般及以上辐射事故、一般及以上职业病危害事故、一般及以上突发环境事故、一般及以上质量事故和县级及以上行政管理部门下达的行政处罚的数量。

b. 计算方法：滚动连续12个月内累计发生的定义内事件的数量及相应的重伤人数、死亡人数、急性职业病人数等。

c. 指标单位：项。

（2）安全防护管理流程绩效二级指标

1）年度非计划放射性照射事件发生次数

a. 指标定义：每年度内在预期的维修和检查中由于事故或其他非计划的事件情况下发生的非计划性职业照射事件的数量。

b. 计算方法：每年度发生的导致单人受照剂量超过 0.1 mSv 或集体剂量超过 1 人 mSv 的计划外照射事件总次数。

c. 指标单位：项。

2）放射性物质非受控转移事件

a. 指标定义：将放射性物质或污染物（包括工器具）转移出辐射控制区以外但未受控的事件数。

b. 计算方法：滚动连续 12 个月内发生的放射性物质非受控转移事件数。

c. 指标单位：项。

3）工业安全未遂事件

a. 指标定义：电厂、承包商因设备或人因失误等其他原因发生的，虽未造成实际后果但很有可能造成人员伤害、死亡、财产损失或其他损失的事件。

b. 计算方法：发生的定义内所描述事件的数量。

c. 指标单位：项。

4）体表污染事件

a. 指标定义：核电厂滚动 12 个月发生的体表污染事件的人次数（体表污染事件：是指核电厂和承包商工作人员身体表面（颈部以上）受到放射性物质的污染，其污染水平大于控制标准值（$\beta<0.4\ Bq/cm^2$、$\alpha<0.04\ Bq/cm^2$）的事件）。

b. 计算方法：记录每月核电厂和承包商工作人员体表污染人次数。

c. 指标单位：项。

5）重发事件数量

a. 指标定义：当月产生的重发事件数量。重发事件：3 年内发生的原因相同，后果相同或相似的运行事件（LOE）或 内部事件（IOE）。

b. 计算方法：记录电厂当月产生的重发事件数量。

c. 指标单位：项。

6）违规动火事件数

a. 指标定义：电厂滚动 6 个月内未按规定办理动火许可证、监护人员不在现场等违反动火管理规定的事件数量。

b. 计算方法：记录机组当月发生的违规动火事件数。

c. 指标单位：项。

7）消防系统/设备缺陷导致的相关事件

a. 指标定义：滚动 6 个月内，电厂累计发生因消防系统和设备缺陷导致的运行事件（LOE）和内部事件（IOE）数量。

b. 计算方法：记录机组每月统计消防系统和消防设施设备相关的 LOE/IOE 事件数量。

c. 指标单位：项。

（3）4.8.3 安全防护管理流程绩效三级指标

1）定期试验一次成功率

a. 指标定义：一次成功的定期试验（技术规格书要求的试验）数量与同期进行的定期试验数量的百分比。

b. 计算方法：机组 QSR 定期试验执行总数量和一次合格数量之比。

c. 指标单位：百分比。

2）特种人员无证上岗

a. 指标定义：发生的特种作业人员无证上岗事件的数量。

b. 计算方法：如定义。

c. 指标单位：项。

3）工业安全违章事件数

a. 指标定义：违反国家相关法律法规和行业安全生产标准，违反公司安全生产规章制度、规程以及反事故措施规定等，可能诱发人身伤亡事故和设备事故的人的不安全行为和物的不安全状态。

b. 计算方法：工业安全违章事件起数。

c. 指标单位：项。

4）机组消防系统可用率

a. 指标定义：统计周期内火灾自动报警与联动系统可用率以及消防灭火系统可用率。

b. 计算方法：火灾自动报警与联动系统可用率、消防灭火系统可用率 = 1 - 系统设备不可用总时间/系统设备总需要可用时间。

c. 指标单位：百分比。

5）应急演习计划完成率

a. 指标定义：统计周期内应急演习项目（包括训练与演习）按计划完成率。

b. 计算方法：计划内演习项目实际完成数/计划内演习项目总数×100%。

c. 指标单位：百分比。

4.3.10 支持服务流程绩效指标

（1）支持服务流程绩效一级指标

1）燃料可靠性

a. 指标定义：稳态条件下一回路冷却剂中^{131}I 的活度（Bq/g），同时该活度通过粘附铀影响和功率水平的修正并归一化到通用净化率。

稳定运行工况是指收集数据前，电厂在 85%参考功率以上且变化不超过±5%的功率台阶上，至少持续运行 3 天；

粘附影响是指附着在堆内构件上可裂变物质对指标产生的影响。这些可裂变物质源自先前破损的燃料元件或制造过程中残留在燃料元件表面的可裂变物质。在本指标中，假设粘附物质的组成是 30%的铀和 70%的钚；

净化常数是指每秒通过化学容积系统的冷却剂流量和整个主系统冷却剂总装量的比率。

线性功率密度是指在 100%参考功率下的平均堆芯热功率。

b. 计算方法：

燃料可靠性指 = $[(A_{131})_N - K(A_{134})_N] \times [(Ln/LHGR) \times (100/P_0)]^{1.5}$ 其中：

(A_{131}) N、(A_{134}) N 是归一化到通用净化率后冷却剂中 ^{131}I、^{134}I 的稳态平均活度，以 Bq/g 为单位；

K 是粘附修正系数（常数：0.0318）。该系数以假设粘附物质的构成为 30%铀和 70%钚为前提的；

Ln 是归一化的通用线功率密度（常数：18.0 kW/m 或 5.5 kW/ft）；

LHGR 是机组在 100%额定功率下的平均线功率密度以 kW/m 或 kW/ft 为单位；

Po 是数据采集时的反应堆功率的平均值以%为单位。

c. 指标单位：数值（月度）

2）一般及以上突发环境事件

a. 指标定义：生产区域内发生一般及以上突发环境事件次数。突发环境事件分为特别重大、重大、较大和一般四个等级。

b. 计算方法：年度内生产区域发生突发环境事件次数。

c. 指标单位：次数。

3）放射性流出物短期指标

a. 指标定义：在连续三个月各放射性流出物（包括气载和液态）累积排放量分别超出 1/2 年排放量控制值的次数。

b. 计算方法：统计滚动三个月累计排放量超出 1/2 年排放量控制值的放射性流出物的次数。该指标不跨年统计。

c. 指标单位：次数。

4）放射性流出物年度指标

a. 指标定义：年度各种放射性流出物（包括气载和液态）总量分别超出年排放量控制值（经审管部门批准）的次数。

b. 计算方法：统计每年度实际排放量超出年排放量控制值的放射性流出物的次数。

c. 指标单位：次数。

5）人员未持证上岗数

a. 指标定义：企业负责人、安全生产管理人员、反应堆操纵人员、特种人员未持证上岗人数。

b. 计算方法：当前发生未持证上岗人员数量。

c. 指标单位：项。

（2）支持服务流程绩效二级指标

1）计量器具按期检定/校准完成率

a. 指标定义：用以衡量工器具管理按计划检定校准完成情况。

b. 计算方法：指标值=1-（未按计划完成检定校准的计划数/全年检定计划总数）×100%。

c. 指标单位：百分比。

2）脚手架搭设专项安全技术方案符合率

a. 指标定义：用以衡量全年脚手架搭设专项安全技术方案编制质量。

b. 计算方法：指标值=1-（全年专项安全技术方案审查退回修订的项目数/项目总数）×100%。

c. 指标单位：百分比。

3）在役检查计划按期执行率

a. 指标定义：衡量在役检查工作按计划执行情况。

b. 计算方法：指标值=1-（年度内未按计划执行项目数/全年计划项目总数）×100%。

c. 指标单位：百分比。

4）在役检查报告按时上报率

a. 指标定义：衡量在役检查报告按规定及时编制报送情况。

b. 计算方法：年度内在役检查专项报告未按规定及时编制上报监管部门次数。

c. 指标单位：次数。

5）A/B 类事件的及时响应率

a. 指标定义：电厂安全总监批准评价报告时间-快排管理要求下达时间≤7 天为响应及时，电厂安全总监批准评价报告时间-共性管理要求下达时间≤14 天为响应及时。

b. 计算方法：A/B 类事件的及时响应率=响应及时的数量（快排+共性）/应响应的总数。

c. 指标单位：百分比。

6）A/B 类事件纠正行动按期关闭率 100%

a. 指标定义：当月电厂安全总监批准已关闭纠正行动和应关闭数比率。

b. 计算方法：指标值=当月应关闭的纠正行动中已关闭的行动/当月应关闭的纠正行动×100%。

c. 指标单位：百分比。

7）A/B 类事件重复发生率

a. 指标定义：重发事件是指向前追溯 3 个自然年，与之前电厂 A/B 类事件发生的原因相同，后果相同或相似的运行事件或内部事件。

b. 计算方法：每界定一起重发事件，发生率增加 1。

c. 指标单位：项。

8）A/B 类事件纠正行动计划回退率

a. 指标定义：衡量当月被回退的纠正行动计划数和应提交纠正行动计划数比率。

b. 计算方法：指标值＝当月被回退的纠正行动计划次数/当月应提交的纠正行动计划次数。

c. 指标单位：百分比。

9）A/B 类事件纠正行动关闭申请回退率

a. 指标定义：用以衡量纠正行动关闭申请提交回退率。

b. 计算方法：当月被回退的纠正行动关闭申请次数/当月应提交的纠正行动关闭申请次数。

c. 指标单位：百分比。

10）人因失误运行事件数

a. 指标定义：给定时间内，发生的由于人员责任原因导致的非计划自动停堆事件数量。

b. 计算方法：人因导致的非计划自动停堆事件数。

c. 指标单位：项。

11）培训计划按期完成率

a. 指标定义：用以衡量年度培训计划完成情况。

b. 计算方法：指标值＝（年度完成培训计划项数/培训计划总项数）×60%＋（年度完成培训计划人数/培训计划总人数）×10%＋（年度培训考试合格人数/培训考试总人数）×30%。

c. 指标单位：百分比。

12）模拟机可用率

a. 指标定义：用以衡量年度内模拟机功能使用连续和稳定性。

b. 计算方法：指标值＝1－［年度模拟机使用过程中发生故障不可用时间（小时）/全年模拟机使用时间（小时）］×100%。

c. 指标单位：百分比。

13）采购计划执行率

a. 指标定义：用以衡量年度采购计划执行完成情况。

b. 计算方法：指标值＝（年度已执行采购计划项数/年度应执行采购计划项数）×100%。

c. 指标单位：百分比。

（3）支持服务流程绩效三级指标

1）计划外采购项目数占比

a. 指标定义：用以衡量计划外采购项目占比，集团或核电系统在公司年度采购计划发布后下发要求开展的项目除外。

b. 计算方法：指标值＝（年度已执行计划外立项条目数/年度已执行计划内立项条目数）×100%。

c. 指标单位：百分比。

2）计划外的单一来源采购项目数

a. 指标定义：衡量年度统计执行的计划外单一来源采购项目情况。

b. 计算方法：年度统计执行的计划外单一来源采购项目数。

c. 指标单位：项。

3）大修备件领用率

a. 指标定义：用以衡量当次大修采购的备件中实际领用的备件数量比率。

b. 计算方法：指标值＝当次大修采购的备件中发生领用的备件金额/当次大修名义采购的备件总金额×100%。

c. 指标单位：百分比。

4）库存 5 年及以上材料备件的减少比例

a. 指标定义：用以衡量当次大修采购的备件中实际领用的备件数量比率。

b. 计算方法：指标值＝上一考核周期库存 5 年及以上材料备件的比例－当期库存 5 年及以上材料备件的比例。

c. 指标单位：百分比。

5）新增储备定额备件两年周转率

a. 指标定义：用以衡量新增储备定额备件两年周转率。

b. 计算方法：指标值＝1－（上一年度入库的备件批次在今年底对应的库存金额/上一年度入库备件批次总金额）。

c. 指标单位：百分比。

6）单机组定量控制

a. 指标定义：用以衡量单机组备件、材料库存价值。

b. 计算方法：单机组备件、材料库存价值（不含战略备件）。

c. 指标单位：亿元。

7）网络安全事件发生次数

a. 指标定义：一般及以上信息安全事件发生次数。

b. 计算方法：已发生一般及以上信息安全事件次数。

c. 指标单位：次数。

8）关键信息系统连续运行可用率

a. 指标定义：衡量关键信息系统连续运行可靠性。

b. 计算方法：指标值=1-（年度内系统非计划不可用时长（小时）/全年小时数-计划中断时长（小时））×100%。

c. 指标单位：百分比。

9）核心网络系统连续运行可用率

a. 指标定义：衡量核心网络系统连续运行可靠性。

b. 计算方法：指标值=1-（年度内系统非计划不可用时长（小时）/全年小时数-计划中断时长（小时））×100%。

c. 指标单位：百分比。

10）技术文件归档计划完成率

a. 指标定义：衡量技术文件归档计划完成情况。

b. 计算方法：指标值=1-（年度内未按计划提交归档项目数/全年归档计划项目总数）×100%。

c. 指标单位：百分比。

11）IT 服务用户满意度

a. 指标定义：衡量 IT 服务水平用户满意度。

b. 计算方法：用户调查满意度评分。

c. 指标单位：分值。

12）职业病危害事故发生次数

a. 指标定义：生产区域内一般及以上职业病危害事故发生次数。

b. 计算方法：生产区域内已发生一般及以上职业病危害事故次数。

c. 指标单位：次数。

13）职业病危害事故按按时上报次数

a. 指标定义：发生职业病危害事故按管理部门规定及时上报情况。

b. 计算方法：年度内职业病管理监管单位通报未及时上报职业病危害事故次数。

c. 指标单位：次数。

14）放射性固体废物产生量

a. 指标定义：指全年机组产生的技术废物整备后的体积，包括各种本身含有放射性的物质或被放射性污染的小型报废零部件、木材、保温材料、使用过的防护用品和报废的工器具等。

b. 计算方法：放射性固体废物产生量=放射性技术废物整备后的体积。

c. 指标单位：项。

15）废液超限值排放次数

a. 指标定义：放射性液态排出流总 β 活度浓度大于排放控制标准（3 700 Bq/l）的排放事件。

b. 计算方法：废液超限值排放次数=超标准排放事件次数。

c. 指标单位：次数。

16）节能减排指标未按时上报次数

a. 指标定义：未及时上报能源消耗指标、污染物排放指标及突破约束性指标的情况。

b. 计算方法：监管部门通报未按要求及时上报指标次数。

c. 指标单位：次数。

17）环保行政处罚次数

a. 指标定义：年度因环境保护因素受到监管部门环保行政处罚的次数。

b. 计算方法：受到监管部门通报、发文等环保行政处罚次数。

c. 指标单位：次数。

18）环境监测站点连续监测数据获取率

a. 指标定义：衡量环境监测点连续监测数据获取情况。

b. 计算方法：指标值=1-［年度内各监测点数据获取非计划中断时长（小时）/全年小时数-计划中断时长（小时）］×100%。

c. 指标单位：百分比。

4.3.11. 调试管理流程绩效指标

（1）调试管理流程绩效一级指标

1）调试三级进度计划按期完成率

a. 指标定义：通过监控按计划完成调试三级进度计划中行动项按期完成的比例，反映电厂调试计划控制的有效性。

b. 计算方法：过去一个季度按计划完成的调试三级进度计划节点占调试三级进度计划中当季度应完成比例。

c. 指标单位：百分比。

2）中高风险调试试验一次成功率

a. 指标定义：通过监控中高风险调试试验一次试验成功的比例，反映调试工作安全与风险控制的有效性。

b. 计算方法：过去一个季度一次成功的中高风险调试试验占中高风险调试试验总数的比例。

c. 指标单位：百分比。

（2）调试管理流程绩效二级指标

1）系统（子系统）按计划完成TOB移交率

a. 指标定义：通过监控按计划完成TOB移交的系统（子系统）占计划移交系统（子系统）的比例，反映电厂TOB移交计划执行的有效性。

b. 计算方法：过去一个月按计划完成TOB移交的系统（子系统）占TOB移交计划中当月应移交系统（子系统）的比例。

c. 指标单位：百分比。

2）系统（子系统）按计划完成TOTO/TOM移交率

a. 指标定义：通过监控按计划完成TOTO/TOM移交的系统（子系统）占计划移交系统（子系统）的比例，反映电厂TOTO/TOM移交计划执行的有效性。

b. 计算方法：过去一个月按计划完成TOTO/TOM移交的系统（子系统）占TOTO/TOM移交计划中当月应移交系统（子系统）的比例。

c. 指标单位：百分比。

3）厂房（子项）按计划完成BHO移交率

a. 指标定义：通过监控按计划完成BHO移交的厂房（子项）占计划移交厂房（子项）的比例，反映电厂BHO移交计划执行的有效性。

b. 计算方法：过去一个月按计划完成BHO移交的厂房（子项）占BHO移交计划中当月应移交厂房（子项）的比例。

c. 指标单位：百分比。

4）TOB移交遗留项按计划消除率

a. 指标定义：通过监控TOB检查遗留项按计划时间完成处理并消除的比例，反映电厂TOB移交行动项执行的有效性。

b. 计算方法：过去一个月按计划消除的TOB移交遗留项占当月应消除的TOB移交遗留项比例。

c. 指标单位：百分比。

5）TOTO/TOM移交遗留项按计划消除率

a. 指标定义：通过监控TOTO/TOM检查遗留项按计划时间完成处理并消除的比例，反映电厂TOTO/TOM移交行动项执行的有效性。

b. 计算方法：过去一个月按计划消除的TOTO/TOM移交遗留项占当月应消除的TOTO/TOM移交遗留项比例。

c. 指标单位：百分比。

6）BHO移交遗留项按计划消除率

a. 指标定义：通过监控BHO检查遗留项按计划时间完成处理并消除的比例，反映电厂

BHO 移交行动项执行的有效性。

b. 计算方法：过去一个月按计划消除的 BHO 移交遗留项占当月应消除的 BHO 移交遗留项比例。

c. 指标单位：百分比。

（3）调试管理流程绩效三级指标

1）设备基础信息收集完成率

a. 指标定义：通过监控电厂设备基础信息按计划完成收集并录入的比例，反映电厂设备调试及设备管理工作的有效性。

b. 计算方法：过去一个月录入电厂设备信息管理系统的设备基础信息占当月应录入的设备基础信息比例。

c. 指标单位：百分比。

2）上游文件按计划接收率

a. 指标定义：通过监控电厂上游设计、设备文件按计划完成接收的比例，反映电厂调试期间与设计、设备接口单位协调工作的有效性。

b. 计算方法：过去一个月接收的上游设计、设备文件占当月应接收文件的比例。

c. 指标单位：百分比。

参考文献

[1]The Standard Nuclear Performance Model - A Process Management Approach Revision 4 [R]. NEI SNPM,2003

[2]Online Work Management Process Description revision 4[R]. INPO AP-928, 2016.

[3]Equipment Reliability Process Description revision 4[R]. INPO AP-913, 2013.

[4]Nuclear Supply Chain Materials and Services Process Description and Guideline-Revision 4 [R]. INPO. AP908,2019

[5]Configuration Management Process Description Revision1[R]. INPO. AP-929, 2005.

[6]肖心民. 有效的核电运营管理工具-SNPM[J]. 中国核工业,2019.

[7]流程圣经[M]. 北京：东方出版社,2014.

[8]流程绩效实战[M]. 北京：东方出版社,2016.

[9]用流程解放管理者[M]. 北京：中华工商联合出版社,2012.

[10]电业安全工作规程第 1 部分热力和机械:GB 26164. 1—2010[S]. 北京：中国电力出版社,2010.

[11]电力安全工作规程电力线路部分:GB 26859—2011[S]. 北京：中国电力出版社,2011.

[12]段永刚. 全面质量管理[M]4 版. 北京:中国科学技术出版社,2018.

[13]王磊. 流程管理风暴[M]4 版. 北京:机械工业出版社,2019.

[14]张毅. 质量法则下核电厂高质量流程管理模式的探索与研究[J]. 核标准计量与质量,2022.

[15]罗斌. 基于卓越绩效模式的核电厂过程管理精细化[J]. 中国核电,2022.

[16]SNPM 在美国杜克能源公司的应用[J]. 中国核工业,2011.

[17]黄义轩. 基于标准核电业绩模型的核电厂生产流程建设[J]. 中国核电,2022.

[18]质量管理体系要求:GB/T 19001—2016[S]. 北京：中国标准出版社,2016.

[19]职业健康安全管理体系要求:GB/T 28001—2011[S]. 北京：中国标准出版社,2011.

[20]核工业标准化研究所. 核电厂变更管理:NB/T 20368—2016[S].

[21]国家标准化管理委员会. 核电厂老化管理与寿命管理术语:GB/T 41717—2022[S].

[22]国家能源局. 核电厂设备可靠性管理导则:NB/T 20281—2014 [S].

[23]放射性废物管理规定:GB 14500—2002[S].

[24]中国核能行业协会. 中国核能发展报告 2023 蓝皮书[M]. 北京:社会科学文献出版社,2023.